ZIRAN

自然之谜

青少科普编委会 编著

吉林出版集团 Jilin Publishing Group | 吉林科学技术出版社 JiLin Science&Technology Publishing House

前言
▶▶▶ Foreword

　　人类从诞生的那一刻起,就开始了对大自然的探索。面对着浩瀚的苍穹、广袤的原野、千奇百怪的植物、形形色色的动物……我们的先民一定感到了大自然的神秘。于是,他们不断地追问:是谁创造了这个丰富多彩的世界? 这个世界到底隐藏了多少秘密……随着社会的发展,人们尝试用科学的方法来探索自然的秘密,并在不断探索中逐步认识大自然。但是大自然包含了太多的秘密,每当科学家解开一个奥秘时,更多的奥秘就产生了。所以,至今为止,我们的世界中还存在许许多多的未解之谜。

　　这本《自然之谜》,展示了孩子们最感兴趣的世界:各种各样可爱的动物、斑斓有趣的植物、地球的神秘之地、奇特的自然现象等。本书通过浅显易懂的语言和生动活泼的插图,诠释知识王国的美丽,引领孩子们一步步走进科学的世界。

目 录
Contents
▶▶▶

自然奥秘

植物探秘

动物悬疑

奇特现象

神秘之地

自然奥秘 >>>

云的轻柔,风的飘忽,雨的神秘……自然是微妙的、神奇的。我们都有过亲近自然、认识自然、感受自然的经历。自然给我们的启迪,也是人类的老师,自然给人们带来了聪明才智和想象的空间。自然的奥秘无穷无尽,等待着我们去探索和发现。

大气中都有些什么？

从人造地球卫星上看地球，大气好像是蒙在地球表面上的一层浅蓝色面纱。大气的主要成分是氮气和氧气，还有极少量的稀有气体和水蒸气、二氧化碳等。

大气中还有许多云滴、雾滴、冰晶、尘埃等悬浮颗粒。

云是停留在大气层上的水滴或冰晶胶体的集合体。

天为什么是蓝色的？

太阳光是由红、橙、黄、绿、青、蓝、紫七种颜色组成的，这七种颜色的光波长度不一样。

大气中的尘埃和其他微粒散射蓝光的能力大于散射其他波长光的能力，所以天空就显现出蓝色。

美丽的日出

早晨的空气是最清新的吗？

人们往往认为早晨的空气最新鲜，这其实是误解。据科学家们检测，在一天中，上午10点左右和下午3~4点空气最为新鲜；而晚上7点和早晨7点左右则是污染的高峰时间。

为什么日出日落时天空是红色的？

当阳光穿过大气层时，波长较短的紫光散射衰减较多，透射后"剩余"的日光中颜色偏于波长较长的红光。日出日落的时候，太阳的位置低，阳光要穿越广阔的地面，散射后肉眼见到的就大都是红色的光了。

日落美景

天上为什么会有云？

地面上的水在太阳的照射下会变成水蒸气升到空中，水蒸气在高空遇到冷空气后，就形成许多小水滴。这些小水滴非常轻，它们被上升的空气托着，在空中飘来飘去，当它们大量聚集在一起时，就成了天上的云。

yún wèi shén me biàn huà duō duān
云为什么变化多端？

zài yángguāng kōng qì hé shuǐ de zuòyòng xià   tiān
在阳光、空气和水的作用下，天

kōngzhōngxíngchéng le gè shì gè yàng de yún duǒ   lěng
空中形成了各式各样的云朵。冷

rè bù jūn de kōng qì chǎnshēng le fēng   fēng ér sì chù
热不均的空气产生了风，风儿四处

yóudàng   yún bèi fēngchuī de dào chù pǎo   xíngzhuàng yě
游荡，云被风吹得到处跑，形状也

fā shēng le biàn huà   jiù chéng le wǒ men kàn dào de biàn
发生了变化，就成了我们看到的变

huà duōduān de yún le
化多端的云了。

云丝丝缕缕地飘浮着，有时像一片白色的羽毛，有时像一缕洁白的绫纱。

wèi shén me yún yǒu gè zhǒng yán sè
为什么云有各种颜色？

yún de báo hòuxiāngchà hěn dà   hòu de kě dá qī bā gōng lǐ   báo de zhǐ yǒu jǐ shí mǐ
云的薄厚相差很大，厚的可达七八公里，薄的只有几十米。

hěn hòu de yún guāngxiàn hěn nán tóu shè guò lái   kànshàng qù jiù hěn hēi   shāo wēi báo yī diǎn de
很厚的云，光线很难投射过来，看上去就很黑；稍微薄一点的

yún kàn qǐ lái shì huī sè de   hěn báo de yún guāngxiànróng yì tòu guò   yún sī zài yángguāng xià
云看起来是灰色的；很薄的云，光线容易透过，云丝在阳光下

jiù xiǎn de tè bié míngliàng
就显得特别明亮。

映着日落的云

什么样的云是积雨云？

积雨云如同高耸的山峰，十分浓厚而且庞大。它的轮廓很模糊，云顶呈白色而且有光泽，底部却十分阴暗，呈黑色。积雨云的性情比较暴烈，常伴有雷电、大风、降水和冰雹，甚至生成龙卷风横扫大地。

为什么看云能识天气？

云的形成过程、组成和性质不同，它的形状也就会千差万别，卷积云、高积云、积雨云等各种云的形状各不相同。熟悉了云的形状、性质，掌握了云和天气的关系，就可以通过观察云来预测天气了。

积雨云

云在天上飘，为什么不会掉下来？

云是由水蒸气以尘埃为核心凝结成小水滴组成的，一片体积1～2立方千米的云，质量可以达到几吨重。但由于云的体积非常大，它所受的浮力也很大，而且空气的流动产生上升气流托住了云，所以它不会掉下来。

🦑 乌云弥漫天空

为什么会有风？

地球上任何地方都在吸收太阳的热量，但是由于地面受热的不均匀，空气的冷暖程度就不一样。暖空气膨胀变轻上升，冷空气冷却变重下降，冷暖空气产生流动，就形成了风。

风的大小是怎么确定的？
fēng de dà xiǎo shì zěn me què dìng de

天气预报里说的风力表示的就是风的大小，即风的强度，用风级来表示。风的强度越大，风级就越高。现在的风力通常分为 0 级~12 级，一共 13 个等级。

不同风级的风对地面物体的作用也不同，据此将风分为 13 个风级。右图为风级示意图，从上到下风级越来越大。

为什么会有龙卷风？
wèi shén me huì yǒu lóng juǎn fēng

龙卷风

龙卷风是个非常厉害的家伙，它的风速往往大到每秒 100 米以上。在发展强烈的积雨云中，空气扰动很厉害，会产生旋转作用，当旋转作用增大到一定程度时，就形成了龙卷风。

lóng juǎn fēng wèi shén me néng bǎ dōng xī juǎn shàng tiān
龙卷风为什么能把东西卷上天？

lóng juǎn fēng xíng chéng hòu　　nèi bù yā lǐ jiāng bǐ　qì zhù wài wéi kōng
龙卷风形成后，内部压力将比气柱外围空

qì dī dà yuē　　　zhè shí hou de lóng juǎn fēng jiù　rú tóng yī tái chāo jí
气低大约10%，这时候的龙卷风就如同一台超级

zhēn kōng xī chén qì　　bǎ dì miàn de wù tǐ xī qǐ　　zài zhè gè guò chéng
真空吸尘器，把地面的物体吸起，在这个过程

zhōng lóng juǎn fēng hái huì suí zhe jī yǔ yún yí dòng　bìng jiāng yán tú de wù
中，龙卷风还会随着积雨云移动，并将沿途的物

tǐ juǎn dào kōng zhōng
体卷到空中。

龙卷风是一个猛烈旋转的圆形空气柱。远远看去，就像一个摆动不停的大象鼻子或吊在空中的巨蟒。

wèi shén me huì yǒu tái fēng
为什么会有台风？

tái fēng shì yī zhǒng qiáng liè de dà qì wō xuán　rè dài hǎi yáng shì tā de　lǎo jiā
台风是一种强烈的大气涡旋，热带海洋是它的"老家"。

nà lǐ de hǎi miàn wēn dù gāo　kōng qì zhōng shuǐ qì hán liàng dà　kōng qì duì liú shàng shēng guò chéng
那里的海面温度高，空气中水汽含量大，空气对流上升过程

zhōng bù duàn shì fàng rè liàng　zhú jiàn xíng chéng xuán zhuǎn de qì zhù　zuì zhōng fā zhǎn chéng tái fēng
中不断释放热量，逐渐形成旋转的气柱，最终发展成台风。

为什么台风过后会下暴雨？

台风在海面上快速旋转，内部的上升空气把大量的水汽带到高空，凝结成水滴后就形成暴雨。如果遇到大山，山的迎风坡还会迫使它加速上升和凝结，暴雨就更凶猛了。台风过后，它带来的强降雨云团停留在某地不动，也会不停地下雨。

冬季总刮西北风

为什么我国冬季总刮西北风？

冬季，海洋的温度比陆地高，而空气流动总是冷空气流向热空气方向。因此，我国冬季的风总是从西北的陆地吹向东南的海洋，这也就是为什么冬季总刮西北风的原因。

树大为什么招风？

树木越大，长得越高，高空的摩擦力小，风力本身就大。大树的树冠面积大，在高空的风力作用就非常明显。再加上由于大树的高度很高，就没什么东西可以帮忙挡风，所以就比较"招风"。

被风吹过的大树

为什么白天比晚上风大？

白天地面受热不均匀，贴近地面的空气温度有差异，会产生空气的上下流动。到了晚上，地面渐渐冷却，近地面的空气形成稳定的结构，阻碍了空气的流动。因此，白天的风比晚上大。

静静的夜晚，风也会慢慢变小。

为什么水面上比陆地上风大？

水面上的龙卷风柱

水面的障碍物比较少，水体表面相对平滑，空气在移动过程中不会产生很大的摩擦力，这样一来，风便能很自由地快速流动起来。而陆地的障碍物很多，风在行进过程中会产生很大的摩擦力。因此，水面上的风就会比陆地上大很多了。

气象、天气、气候有什么区别？

气象是指发生在天空中的风、云、雨、雷、电等一切大气的物理现象；天气是指影响人类活动的瞬间气象特点，如"今天是晴天"指的是天气；而气候是指某一个地区一段时期的气象状况，如"昆明四季如春"说的是昆明的气候特点。

为什么会有闪电？

天空中的云通常会产生电荷，云层上部往往带正电，云层底部带负电。当正、负电荷间的电场足够强时，就击穿空气，产生闪电。在多数情况下，云层的厚度超过3千米才可能产生闪电。

闪电究竟有多长？

通常落地闪电的长度较短，不超过几千米；完全在空中的闪电较长，一般在50~60千米左右。美国一位科学家曾测到长达150千米的闪电，这是目前测到的最高纪录。

闪电

为什么会有"干打雷不下雨"的现象？

积雨云是电闪雷鸣的来源，一般来说云层越厚雨量就会越大，而在云的边缘会没雨或者少雨。而声音的传播范围很大，这样如果是处在云的边缘位置，我们就会发现干打雷，不下雨的现象。

闪电可以使大气空中的氧气化学合键发生改变，生成极少量的臭氧。

为什么夏天会出现雷阵雨？

带来雷阵雨的积雨云

雷阵雨是一种天气现象，一般只会在夏季发生。夏天的天气十分闷热，在局部地区会出现强烈的空气对流，使大量的湿热空气猛烈上升，形成积雨云，而积雨云常常会带来雷阵雨。

为什么先看到闪电后听到雷声？

事实上，闪电和打雷几乎是同时发生的。但是闪电是光，雷是声音，光速是声音传播速度的近90万倍。闪电到地面的时间可以忽略不计，但声音从云层传到地面就需要一定时间了。因此我们总是会先看到闪电，片刻之后，才会听到雷声。

闪电的温度，从摄氏一万七千度至二万八千度不等，也就是等于太阳表面温度的3～5倍。闪电的极度高热使沿途空气剧烈膨胀。

为什么雷易击中高耸孤立的物体？

电荷有个特点，就是喜欢跑到物体尖端突出的地方。孤立高耸的物体就是很凸出的地方，聚集着很多正电荷。很容易把云中的负电荷吸引过来，产生放电现象，遭受雷击。

云是怎样变成雨的？

在雨的形成过程中，大水滴起着重要的作用。当温度降低时，云朵内的小水滴就会增大为雨滴，当水滴大到气流不足以支持它的重量时，它就会落向地面，于是就下雨了。

雨是地球不可缺少的一部分，是几乎所有的远离河流的陆生植物补给淡水的惟一方法。

为什么雨点总是斜着落下？

天上的云是不停运动着的。就像跳伞运动员从空中跳伞一样，由于惯性的作用，后落下的雨滴总比前面的雨滴要在云里多运动一段距离，再加上天上经常会刮风，被风一吹，雨滴也就斜着落下来了。

为什么雨滴有大有小？

雨滴的大小跟云层里面水汽的含量有着密切的关系。如果云层很薄，云里的水汽不多，雨滴就会很小，掉在地上会发出"沙沙"的细响。如果云层比较厚，云里的水汽就会增多，水滴会相互碰撞，合并成较大的雨滴。

雨可以灌溉农作物，利于植树造林。

什么是梅雨季节？

在我国东南部，每年7月份左右，阴雨连绵不断，气温越来越热，空气潮湿而闷热。由于这种现象正好发生在江南梅子成熟的时期，所以我们将它称为"梅雨"，这段时间也被称为"梅雨季节"。

持续的雨天也会影响人的情绪，使人觉得烦闷、压抑。

为什么会有"太阳雨"？

一般情况下，积雨云集中的区域才有可能会出现降雨。但是，如果这时高空出现一股较强的气流，就很有可能把正准备降落的雨滴吹到别的地方去，在没有云的地区形成"太阳雨"。

为什么说"春雨贵如油"？

春季，农作物开始进入"返青"时期，特别需要充足的水分，这时的雨水就显得特别宝贵。而在我国北方地区，春天下雨的机会并不多，所以下一场春雨是非常可喜的，就有了"春雨贵如油"的说法。

春雨滋润后的土地

雨水为什么不能喝？

在雨滴凝结和降落的过程中，大气层中的有害气体和粉尘会黏附、溶解在雨滴中，和雨滴一起降落到地面上。雨水因此裹挟了很多有害气体和灰尘，所以不能喝。

暴雨

什么是酸雨？

酸雨就是雨滴中含有酸性物质的雨。人类活动产生的一些二氧化硫等化学物质排放到空气中，会形成各种各样的小酸滴。等到下雨时，小酸滴与雨点一同落下来，就形成了酸雨。

酸雨腐蚀过的森林

为什么天空会出现彩虹？

夏天常常下雷阵雨，这些雨的范围不大，没多久就会雨过天晴。雨虽然停了，但天空中还飘浮着许多小水滴，这些水滴能折射阳光。阳光经过水滴时，会被分解成七色光，如果角度适宜，就成了我们所看到的彩虹。

环形彩虹

你见过环形彩虹吗？

雨后我们通常会见到半弧形的彩虹，其实自然界中还会出现环形彩虹。环形彩虹又叫"日晕"，晕圈的颜色一般是内红外紫，只有站在高处或是坐在飞机上才会看得到。

彩虹也会成双成对出现吗？

特殊情况下，彩虹也会成双成对地出现，这就是双彩虹现象。

两条彩虹同时出现时，在平常的彩虹外边会出现一个较暗的副虹。副虹的颜色次序跟主虹相反，外侧是蓝色，内侧是红色。

罕见而美丽的双彩虹现象

彩虹在什么地方与大地相连？

雨过天晴，一轮彩虹遥挂天际，像一座桥把大地连接在一起。可是，当我们向彩虹走去时，却发现它不断后退，根本找不到它与大地相连的地方。原来，彩虹并不是一个实物，而是一种光学现象。所以，"彩虹升起的地方"自然也就不存在喽！

霞是如何形成的？

日出日落时，太阳处于地平线附近，阳光中波长较短的紫光、蓝光会被削弱，剩下的黄、橙、红色光则会被空气散射，使天空与云层都染上了美丽的颜色，因此形成了朝霞和晚霞。

为什么说"朝霞不出门，晚霞行千里"？

霞的颜色和艳丽程度与大气中的水分有关，所以对天气变化有指示意义。出现朝霞，预示天气变化将由晴天转为阴雨；而晚霞则是天气转为晴好的标志，所以有"朝霞不出门，晚霞行千里"的谚语。

早晨和傍晚，在日出和日落前后的天边，时常会出现五彩缤纷的彩霞。

露珠是从哪里来的？

在温暖的季节里，白天大地会不断地吸收热量，使空气中含有大量水分。到了晚上，空气温度下降到一定程度后，就有多余的水汽析出，这些水汽依附在植物上，就形成了露珠。

夜幕降临时，露珠总是悄然无声地降落在植物上。

为什么有露水时一般都是晴天？

晴朗无云的夜间，地面散热很快，气温迅速下降，空气中含水汽的能力减弱，水汽就纷纷凝附到草叶上、树叶上、石头上。而多云的夜间水汽不容易凝结成露水，所以，有露水时一般是晴天。

叶子上的露珠

霜是怎样形成的？

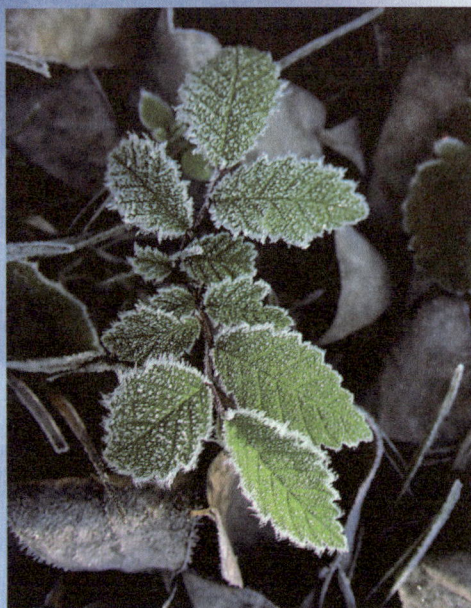

白天受到阳光的照射，大地表面的水分不断蒸发。这些水汽并没有全部散发，而是留在地面附近的大气中。到了夜晚，温度降低，这些水汽与0℃以下的物体接触时，就会附着在上面，凝成冰晶，这样就形成了霜。

严寒的冬天清晨，户外植物上通常会结霜。

雾是怎么形成的？

其实雾和云一样，都是由大气中无数微小的水滴或冰晶组成的。雾是空气中的水汽在地面附近达到饱和状态，从而形成的肉眼能够看得见、但又很难看得清楚的小水滴。

千变万化、纷繁复杂的雾

半山腰飘浮的是云还是雾？

半山腰的云雾

准确地说来，在半山腰飘浮的是雾而不是云。但实际上，云和雾并没有严格的界限区分，它们都是由大气中无数微小水滴组成的。这些小水滴悬浮在高空，就叫做云；如果它们与地面接触，就叫做雾。

为什么湖面上常有雾？

湖水在夜里冷却得比较慢，湖面上的空气温度也就比陆地上高。温暖的空气向上升，陆地上较冷的空气就会过来补充，含水量较大的暖空气遇到了冷空气后，暖空气中的水汽就开始凝结、降落，并渐渐形成了雾。

水面上的雾

为什么说"雾不散就是雨"？

白天不散的雾，上空通常有浓厚的雨云，太阳光无法大量地透进来，因此很长时间都不会散。雨云越来越厚，云底下的水汽也越来越充沛，就形成雨滴直接降落下来，所以有"雾不散就是雨"的说法。

秋冬的清晨气温最低，是雾最浓的时刻。

冰雹是怎样形成的？

夏天，大量的水蒸气升到高空中 $-20℃$ 以下的地方时，就会变成小冰珠从高空落下。下落时，上升的水蒸气会继续在它们表面结冰，小冰珠在空中不断地被包上冰衣落到地面，就形成了冰雹。

冰雹和雨、雪一样都是从云里降下来的。

为什么夏季会下冰雹？

冰雹形成于积雨云中，而积雨云只有在光照强烈的夏天才容易形成。积雨云中的上升气流很强，足以支撑云中增大的冰珠，因此便可以形成冰雹了。

如果下雹季节的早晨凉，湿度大，中午太阳辐射强烈，造成空气对流旺盛，就容易发展成积雨云而形成冰雹。

什么是霾？

有时候，我们会觉得空气变成了乳白色，特别浑浊，看远处时，就好像隔了一层幕布一样，这层"幕布"就是霾。霾是悬浮在空气中的尘埃和固体微粒。一旦出现霾，我们就会感觉到空气质量很差，天空也显得灰蒙蒙的。

霾的气象定义是悬浮在大气中的大量微小尘粒、烟粒或盐粒的集合体，会使空气浑浊。

"雾凇"是怎么一回事？

在我国北方的吉林市，每到冬天，常常会出现美丽的雾凇现象。冬天，温差会使松花江水产生雾气，久不消散。在一定条件的作用下，江面的大量雾气遇冷后以霜的形式凝结在周围粗细不同的树枝上，就形成了大面积的雾凇奇观。

美丽的雾凇

我国为什么冬天冷夏天热？

冬天，北半球白昼短、黑夜长，获得的太阳能量少，地面气温很低，所以非常寒冷。到了夏天，北半球阳光直射，到达地面的热量多，温度就会持续缓慢上升，所以夏天天气十分炎热。

夏天是北半球一年中最热的季节。

wèi shén me chéng shì bǐ jiāo qū nuǎn huo
为什么城市比郊区暖和？

yóu yú chéng shì de jiàn zhù qún mì
由于城市的建筑群密

jí bǎi yóu lù hé shuǐ ní lù miàn
集，柏油路和水泥路面

bǐ jiāo qū de tǔ rǎng zhí bèi
比郊区的土壤、植被

jù yǒu gēng dà de rè róng liàng hé
具有更大的热容量和

xī rè lǜ shǐ de chéng qū chǔ cún le
吸热率，使得城区储存了

jiào duō de rè liàng bìng xiàng sì zhōu hé dà qì zhōng
较多的热量，并向四周和大气中

kuò sàn zào chéng le tóng yī shí jiān chéng qū qì wēn pǔ biàn gāo yú zhōu wéi
扩散，造成了同一时间城区气温普遍高于周围

jiāo qū qì wēn de xiàn xiàng
郊区气温的现象。

拥挤的城市
交通引起气候变
暖。

冬天的气温很低，我们说话时就能
看见哈出的白气。

wèi shén me dōng tiān zuǐ lǐ néng hā chū
为什么冬天嘴里能哈出
bái qì
白气？

zuǐ lǐ qì tǐ de wēn dù bǐ dōng tiān wài jiè de wēn
嘴里气体的温度比冬天外界的温

dù gāo dāng zuǐ lǐ de rè qì yù dào wài jiè de lěng qì
度高，当嘴里的热气遇到外界的冷气

shí huì yè huà xíng chéng xǔ duō xiǎo shuǐ zhū fú zài kōng
时，会液化形成许多小水珠浮在空

zhōng zhè jiù shì wǒ men kàn jiàn de bái qì
中，这就是我们看见的白气。

为什么会下雪？

冬天的气温很低，云中的水汽会直接凝结成小冰晶。这些小冰晶在相互碰撞时，冰晶表面增热使其中的一些融化，而后互相粘合并又重新冻结。这样重复多次，就形成了雪花。这些雪花增大到一定程度，便落到地面上来，就是我们所看到的雪。

积雪好像一条奇妙的地毯，铺盖在大地上，使地面温度不致因冬季的严寒而降得太低。

为什么说"瑞雪兆丰年"？

冬季天气寒冷，雪不易融化，盖在土壤上就如同给庄稼盖上了一层温暖的棉被。雪化的时候还会从土壤中吸收许多热量，冻死里面过冬的害虫。所以，冬季的大雪就成为了来年丰收的预兆。

为什么下雪不冷，化雪冷？

下雪时，冷空气与暖湿空气刚刚相遇，冷空气的势力比较弱，人们会觉得不怎么冷。雪停后，冷空气的势力大大增强，温度也就降低了。同时，积雪融化时又要吸收大量热量而使气温降低，因此化雪时比下雪时冷得多。

下雪

为什么雪花是六角形的？

云中的水汽在冷却到冰点以下时，就开始凝结成冰晶。冰晶和其他一切晶体一样，最基本的性质就是具有自己的规则的几何外形。而六角形是冰晶最稳定的形状，所以雪花是六角形的。

美丽的雪景

雪都是白色的吗？

雪花本身是透明的，光线在上面发生折射和反射，使它看起来是白色的。但并不是所有的雪花都是白色的，北冰洋地区有很多含有叶绿素的藻类，有时藻类与雪花粘在一起降落下来，雪也就变成绿色的了。

小朋友堆的白白的雪人

为什么下雪前有时先下雪珠？

初冬开始下雪之前，在云的前部及中部，上升气流比较强，所以下降的多数是雪珠。在云的后部由于上升气流减弱，降到地面的便由雪珠变为雪花了，所以下雪前有时会先下雪珠。

为什么会发生雪崩？
wèi shén me huì fā shēng xuě bēng

xuěbēng shì yī zhǒng wēi hài xìng hěn dà de zì rán xiànxiàng jī xuě
雪崩是一种危害性很大的自然现象。积雪

jīng yáng guāng zhào shè hòu biǎo céng xuě róng huà xuě shuǐ
经阳光照射后，表层雪融化，雪水

shèn rù jī xuě yǔ shān pō zhī jiān jī xuě céng zài
渗入积雪与山坡之间，积雪层在

zhòng lì de zuò yòng xià xiàng xià huá dòng lìng wài
重力的作用下向下滑动。另外，

dì zhèn dòng wù cǎi liè xuě miàn yě huì dǎo zhì jī xuě
地震、动物踩裂雪面也会导致积雪

céng xià huá ér zào chéng xuě bēng
层下滑而造成雪崩。

雪崩

什么是冻雨？
shén me shì dòng yǔ

rù dōng yǔ luò zài shù mù gāo lóu shān yán diàn gǎn děng wù tǐ
入冬，雨落在树木、高楼、山岩、电杆等物体

shang lì jí jié shàng yī céng jīng yíng tòu liàng de báo bīng zhè zhǒng yǔ zài
上，立即结上一层晶莹透亮的薄冰，这种雨在

qì xiàng xué shàng jiào dòng yǔ zhè céng báo bīng yuè jié yuè hòu huì zhì
气象学上叫"冻雨"。这层薄冰越结越厚，会制

遇上阳光，冻雨会放射出五彩光芒，煞是好看！

zào chū yī chuàn chuàn
造出一串串

bīng zhù sú chēng
冰柱，俗称

bīng guà tā men
"冰挂"，它们

jīng yíng tòu liàng fēi
晶莹透亮，非

cháng hǎo kàn
常好看。

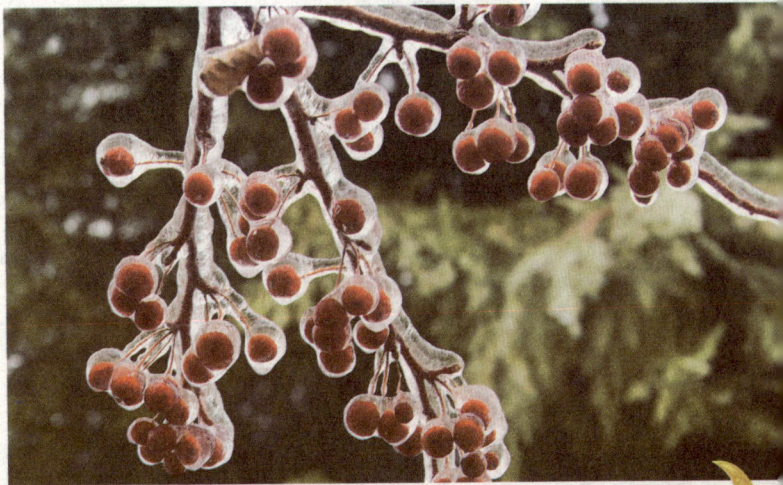

冻雨

冻雨是怎样形成的？

当较强的冷空气南下遇到暖湿气流时，会像楔子一样插在暖空气的下方，近地面的气温骤降到零度以下。雨滴从空中落下来时，就会在树木、植被及道路表面都冻结成冰，形成"冻雨"。

节气是依照地球转动来制定的。

什么是二十四节气？

二十四节气分别是立春、雨水、惊蛰、春分、清明、谷雨、立夏、小满、芒种、夏至、小暑、大暑、立秋、处暑、白露、秋分、寒露、霜降、立冬、小雪、大雪、冬至、小寒、大寒。

二十四节气是如何制订的？

二十四节气是根据太阳在黄道上的位置来划分的，黄道就是地球绕太阳公转的轨道。假设太阳从春分点出发，每前进15°就是一个节气；运行一周又回到春分点，总共360°，分为24个节气。

节气是每年季节变更的重要标志。

气象台是怎样进行天气预报的？

全世界有成千上万个气象站，每天全方位地观测大气变化，并将数据汇集到各国气象中心。气象台的计算机将数据进行处理，得到天气图、预报图等。预报员就是根据这些，做出天气预报的。

气象站

四季

一年四个季节是怎么划分的？

四季的划分有不同的标准。天文学上以春分、夏至、秋分、冬至作为四季的开始；我国古代多用立春、立夏、立秋、立冬作为四季的开始；而气象上通常以阳历的3~5月为春季，6~8月为夏季，9~11月为秋季，12~2月为冬季。

为什么有白天和黑夜？

太阳是一个巨大的火球，一刻不停地发出惊人的光和热。太阳的光线照到地球上，由于地球是圆的，所以只能是一边有阳光，而另一边照不到。地球上被照到的地方就是白天，没有照到的地方就是黑夜。

黑夜

为什么会发生洪水？

洪水大多发生在降雨量多的时候。当雨水过多时，湖泊就不能容纳多余的水，这就成了洪水的来源。湖泊水位过高、河流堤坝的溃烂和水坝事故都有可能带来洪水。

洪水

泥石流

泥石流有什么危害？

泥石流是一种广泛分布于世界各国的自然灾害。它的主要危害是冲毁城镇、矿山、乡村，造成人畜伤亡，破坏房屋及其他工程设施，破坏农作物、林木及耕地。此外，泥石流有时也会淤塞河道，不但阻断航运，还可能引起水灾。

为什么会发生地震？

地震造成的破坏

由于地壳物质的不断运动，板块之间会产生相对运动。当大板块相撞时，岩石层产生的巨大能量会使岩石在一刹那间断裂，释放出大量的能量。一部分能量传到地表，就形成了地震。

火山为什么会喷发？

地球内部温度很高，岩石以液体的形式存在，称为岩浆。平时，岩浆被地壳紧紧包住，只能在地下流动。但在地壳结合比较脆弱的地方，岩浆中的气体和水就有可能分离，推动岩浆冲出地面。岩浆冲出地面时，体积急剧膨胀，火山喷发就形成了。

火山口全景

为什么会出现干旱？

干旱指淡水总量少，不能满足人的生存和发展，一般是长期的现象。随着人类的经济发展和人口膨胀，水资源短缺现象日趋严重，这也直接导致了干旱地区的扩大与干旱化程度的加重。

干旱现象

赤潮是怎么回事？

赤潮是海洋中某种浮游生物爆发性繁殖引起海水变色，危害其他生物正常生存的灾害现象。工业废水和生活污水大量排入海中，使海水中氮、磷等元素含量大大增加，是形成赤潮的主要原因。

赤潮

植物探秘》》》

植物被称作"不会说话的生命"，是自然界里的一大家族。这些千姿百态的植物，将世界装扮得美丽多彩。在这个五光十色的星球上，植物以它特有的生命形态覆盖了大自然的各个角落，使世界到处充满盎然的生机和无法阻挡的魅力。

世界上有多少种植物？

经过科学家们很多年的研究，现在确定下来的植物一共有40多万种。我们通常将植物们分成高等植物和低等植物，高等植物包括苔藓、蕨类植物、裸子植物和被子植物，而低等植物主要是指各种菌类和藻类。

蕨类植物

植物的第一颗种子是从哪儿来的？

种子蕨是世界上第一种有种子的植物。蕨类植物的孢子本来是不分雌雄的，可是经过长期进化，有些蕨类植物却产生了雌雄两种孢子。雄孢子在空中到处飘，等落到雌孢子上，就出现了第一颗真正的种子。

蕨类植物是植物中主要的一类，是高等植物中比较低级的一门，也是最原始的维管植物。

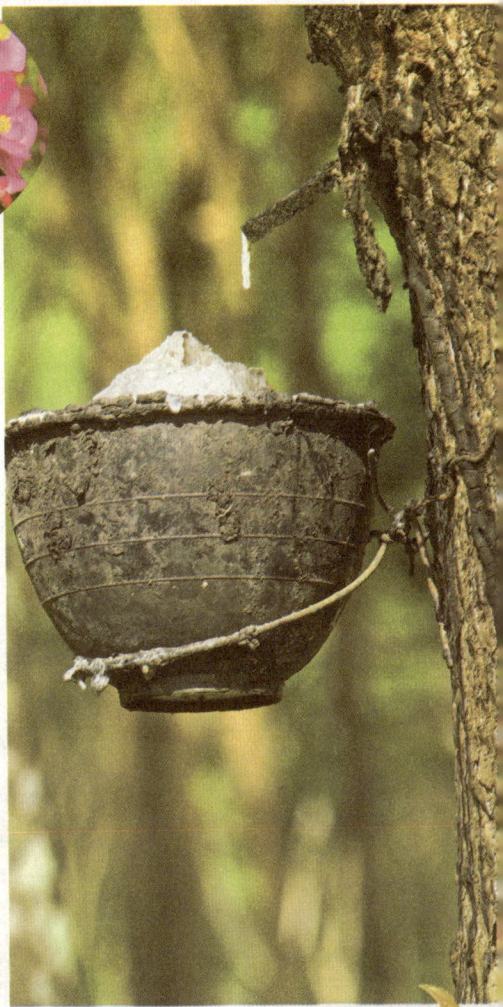

植物有性别吗？
zhí wù yǒu xìng bié ma

植物也是有性别的，它们的性别通过花里的
zhí wù yě shì yǒu xìng bié de　tā men de xìng bié tōng guò huā lǐ de

雄蕊和雌蕊来区分。绝大部分植物都是雌雄同
xióng ruǐ hé cí ruǐ lái qū fēn　jué dà bù fen zhí wù dōu shì cí xióng tóng

体的，就是一株植物体上既有雄蕊，又有雌蕊。
tǐ de　jiù shì yī zhū zhí wù tǐ shang jì yǒu xióng ruǐ　yòu yǒu cí ruǐ

植物的有性繁殖就是靠植物的花粉传播来进行的。
zhí wù de yǒu xìng fán zhí jiù shì kào zhí wù de huā fěn chuán bō lái jìn xíng de

如果树皮部受损，树皮被大面积剥掉，新的韧皮部来不及长出，树根就会由于得不到有机养分而死亡。俗话说："人怕伤心，树怕剥皮"。

雌、雄蕊分别生长在不同的花里，成为单性的雌花和雄花。如果雌花和雄花同时出现在同一植株上，这类植物就被称为雌雄同株异花植物。

植物也会流血吗？
zhí wù yě huì liú xuè ma

当我们砍掉树枝或是剥去树
dāng wǒ men kǎn diào shù zhī huò shì bāo qù shù

皮的时候，植物体内会有液体流出
pí de shí hou　zhí wù tǐ nèi huì yǒu yè tǐ liú chū

来，好像是在流血似的。植物受
lái　hǎo xiàng shì zài liú xuè shì de　zhí wù shòu

伤的时候分泌的汁液大多具有黏
shāng de shí hou fēn mì de zhī yè dà duō jù yǒu nián

性，流出后就会凝固，把伤口封
xìng　liú chū hòu jiù huì níng gù　bǎ shāng kǒu fēng

住，可以抑制细菌滋生。
zhù　kě yǐ yì zhì xì jūn zī shēng

植物进行光合作用

佛手瓜也是胎生植物。

为什么植物也会呼吸？

植物也在日夜不停地进行呼吸。白天植物在阳光下进行光合作用，吸进二氧化碳，吐出氧气。到了晚上，阳光没有了，光合作用停止，这时，植物就只能进行呼吸作用，吸进氧气，吐出二氧化碳。

胎生红树

植物也有"胎生"的吗？

自然界存在着这样一类植物，它们像哺乳动物那样先"怀孕"再"分娩"，被称为"胎生植物"。红树就是一种典型的胎生植物，它的种子在果实里面发芽，直到长成幼苗才离开母树，落到脚下的泥土里扎根生长。

为什么植物也要"睡觉"？
<small>wèi shén me zhí wù yě yào shuì jiào</small>

睡眠是植物保护自己的
<small>shuì mián shì zhí wù bǎo hù zì jǐ de</small>

一种方式，在热带尤其常
<small>yī zhǒng fāng shì zài rè dài yóu qí cháng</small>

见。热带地区白天气温
<small>jiàn rè dài dì qū bái tiān qì wēn</small>

太高，很多花就会选择在
<small>tài gāo hěn duō huā jiù huì xuǎn zé zài</small>

白天睡觉，晚上开花。牵
<small>bái tiān shuì jiào wǎnshang kāi huā qiān</small>

牛花为了躲避中午强烈的日
<small>niú huā wèi le duǒ bì zhōng wǔ qiáng liè de rì</small>

光，还会选择"午睡"。
<small>guāng hái huì xuǎn zé wǔ shuì</small>

牵牛花

为什么有些植物会吃昆虫？
<small>wèi shén me yǒu xiē zhí wù huì chī kūn chóng</small>

有些植物因为生长环境没有足够的养分供
<small>yǒu xiē zhí wù yīn wèi shēng cháng huán jìng méi yǒu zú gòu de yǎng fèn gòng</small>

它们生长，比如，没有充足的阳光或土质不佳
<small>tā men shēng zhǎng bǐ rú méi yǒu chōng zú de yáng guāng huò tǔ zhì bù jiā</small>

等，就会演化出捕食昆虫的技能。这些以捕食
<small>děng jiù huì yǎn huà chū bǔ shí kūn chóng de jì néng zhè xiē yǐ bǔ shí</small>

昆虫来做养分的植物，我们称它们为食虫植物。
<small>kūn chóng lái zuò yǎng fèn de zhí wù wǒ men chēng tā men wéi shí chóng zhí wù</small>

捕蝇草是一种非常有趣的食虫植物。

为什么说人离开植物就不能生存？

植物吸入二氧化碳，呼出氧气，人类则恰恰相反，要吸入氧气，呼出二氧化碳。若是没有了植物的氧气供应，相信我们也不会有生存的希望。同时，植物也是人类不可或缺的食物来源，我们所吃的粮食、水果和蔬菜都来自于植物。

植物生长需要水和阳光。

水里的植物都是绿色的吗？

水里的植物为了适应在水里的生活，和陆地上的植物大不相同，所以它们的颜色也就不会都是绿色的了。颜色变化最明显的体现在藻类上，藻类植物呈现不同的颜色，如：褐色、红色、绿色、黄色等。

红色和绿色的海藻

世界上最长寿的树是什么树？

现存的世界上最长寿的树是一株生活在美国加利福尼亚的狐尾松，今年已经有4700多岁了。人们叫它"玛士撒拉"，因为"玛士撒拉"是《圣经》中的一位非常高寿的人物。

狐尾松

怎样才能知道树的年龄？

年轮

如果细心观察，就会发现每个树桩上都会有很多秘密的同心圆，这些同心圆叫作"年轮"，树木每生长一年，就会长出一圈年轮。树木桩上有多少圈，树就有多少岁。

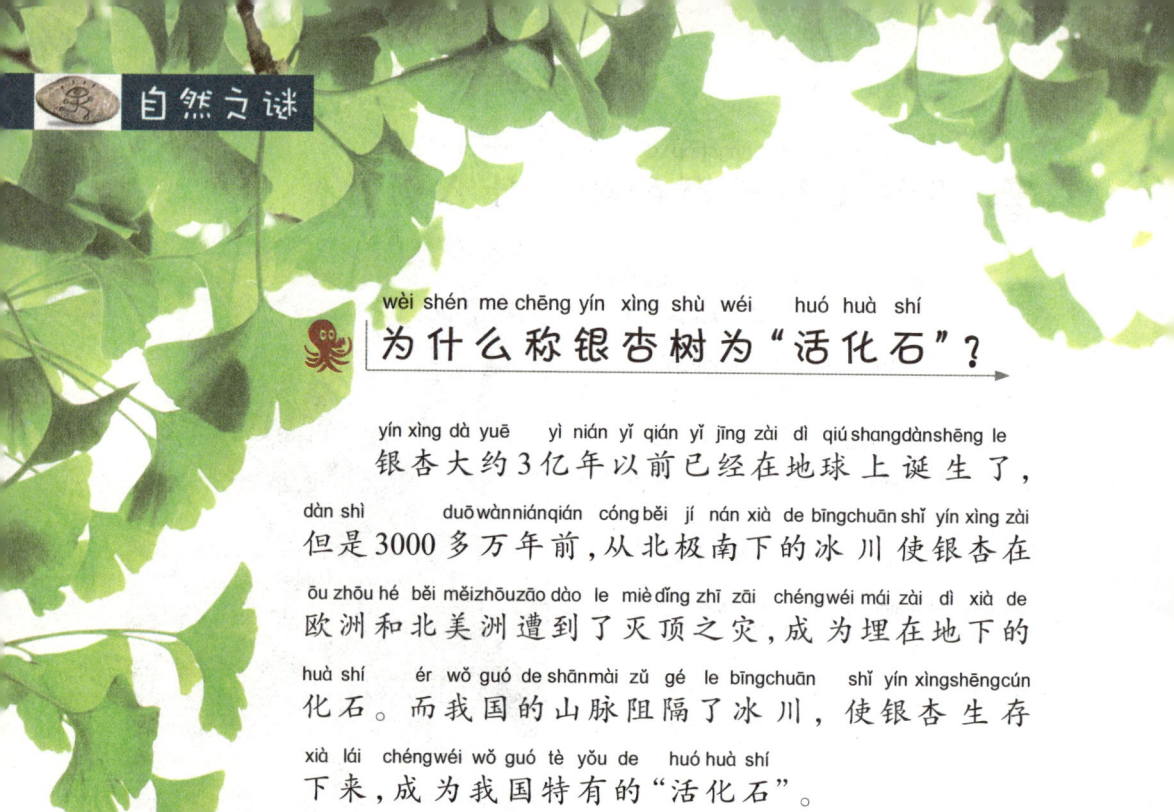

为什么称银杏树为"活化石"？

银杏大约3亿年以前已经在地球上诞生了，但是3000多万年前，从北极南下的冰川使银杏在欧洲和北美洲遭到了灭顶之灾，成为埋在地下的化石。而我国的山脉阻隔了冰川，使银杏生存下来，成为我国特有的"活化石"。

银杏树

为什么树干要涂上白灰？

树干上涂白灰能反射阳光，避免枝干被强烈的阳光晒伤。杨柳树栽完后马上涂白灰，还可以防止害虫蛀蚀树干。白灰是大量的碱性物质，虫子爬上去会非常困难。

涂白灰首先能给树防寒保暖，让树不会直接受到冷冻。第二是防虫，冬天很多虫会把卵产在树体上，涂上白灰可以杀死虫卵，还有就是防止白蚁蛀食树皮。

为什么看不见松树开花？

wèi shén me kàn bù jiàn sōng shù kāi huā

松枝

其实每一种松树都开花，只是松树开花很少，没有花瓣，又不香，所以不容易被人注意罢了。

如果仔细观察就会发现，在新枝的基部长着许多淡黄色小球似的花，用手轻轻一动就会飘散出许多黄色烟雾似的花粉。

铁树会开花吗？

tiě shù huì kāi huā ma

铁树是会开花的，在气候温暖、雨水丰沛的地方，它可以年年开花。铁树的花不同于人们常见的花，它没有绿色的花萼，也没有招引昆虫的美丽花瓣。

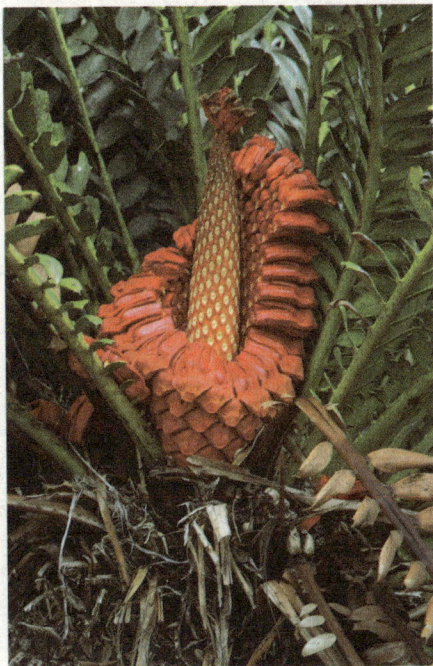

铁树开花常无规律，且不易看到开花，故有"千年铁树开花"的说法

洗衣树为什么能洗净衣服？

普当是一种能洗衣服的树，它会从土壤中吸收大量含碱的水分，因此身上有许多奇特的细孔来排出含碱的汁液。这些汁液有良好的去污能力，人们把衣物捆在树上，几小时后用清水轻轻漂洗一下，衣物就洁白干净了。

漆树为什么会咬人呢？

漆树的树干里有许多小管道，把树皮割开，就有乳白色的汁液从里面流出来，这些汁液就是生漆。生漆有毒，沾在皮肤上，容易引起人的皮肤过敏或中毒，所以被误认为"咬人"。

漆树

为什么笑树会发出"笑声"？

笑树的每个枝杈间长有一个皮果，皮果里生着许多小滚珠似的皮蕊，能在果皮里滚动。皮果的壳上长了许多斑点般的小孔，每当微风吹来，皮蕊在里面滚动，就会发出"哈！哈！"的声响，很像人的笑声。

制作"西米"

米树真的能产大米吗？

我们都知道，我们平常所吃的大米产自水稻，然而，世界上却还有一种能产"大米"的大树，这种树叫西谷椰子，由于它能出"大米"，因此，人们常称之为米树。

西谷椰子

合欢树的花

为什么合欢树能招来蝴蝶？

合欢树又称绒花树、芙蓉树，每年春末夏初，它就会开出像蝴蝶一样的花，花很香，引来蝴蝶。它的树叶上分泌的黏液是蝴蝶爱吃的东西。所以，每当合欢花盛开的时候，彩蝶就纷纷飞来，聚集在树上。

猴面包树是什么树？

猴面包树

猴面包树是非洲草原上独特的风景，它原名"波巴布树"，它长得并不算高，但"腰围"却可达50米。它的果实成熟时，猴子就成群结队爬上树去摘果子吃，所以叫做"猴面包树"。

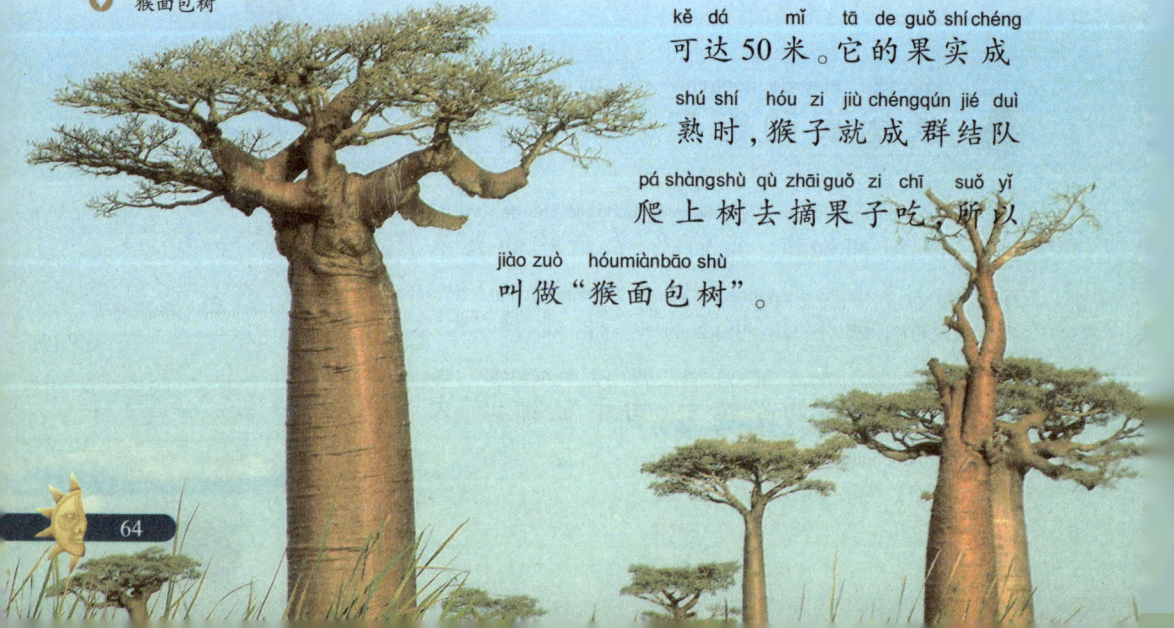

玉兰树是先开花后长叶吗？

植物花芽和叶芽的生长需要不同的温度。大部分植物需要较高的温度才能开花，所以会在长出叶子后开花。而玉兰树的花芽生长需要的温度却比叶芽低，因此会在长叶之前先开花。

🌸 玉兰花

为什么称胡杨树为"沙漠英雄"？

在干旱少雨的沙漠地带，胡杨树可以将根扎进地下二十多米，顽强地支撑起一片生命的绿洲。即使死去的胡杨，也能以巨大的根系紧紧地抓住脚下的沙土，顽强地扎根在大漠之中。所以，胡杨树被称为"沙漠英雄"。

🍂 胡杨树

为什么一棵榕树就能成林？

榕树的枝条上会生出一条条向下悬垂的根，叫做"气生根"。气生根伸长到达地面，会像正常的根一样插入土中。当一棵榕树有着多条这样的气生根时，就形成了"独立成林"的奇妙景观。

榕树

光棍树

光棍树为什么不长叶子？

光棍树原产于东非和南美，那儿气候炎热，降水量小，蒸发量又特别大，所以水分就极其珍贵。为了避免水分的流失，经过长时间不断地进化，光棍树就慢慢退掉了身上的树叶。

卷柏真的可以死而复生吗？

卷柏是一种沙漠植物，当干旱季节来临时，它的茎会紧紧盘卷成一个球，就像死了一样。事实上它并没有死，一旦有了水分，它就会重新舒展开茎叶。所以卷柏并不会死而复生，那只是它为了适应环境而进化出的一种特殊的生存本领。

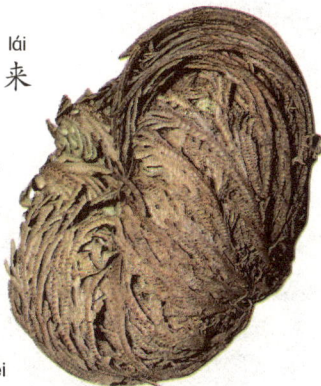

卷柏

马铃薯的果实是根还是茎？

马铃薯的果实长在地下却不是根，而是一种变形了的茎，叫做块茎。马铃薯属于地下茎，长期在地下生活，失去了绿色，变了形。它的末端膨大，充满了从地上部分运来的淀粉。

马铃薯

为什么叶子是绿色的？

叶子的绿色是由它细胞内所含的叶绿素决定的。植物的光合作用依赖于叶绿素吸收的阳光，所以植物会大量制造叶绿素。叶绿素多了，自然会使叶子呈现出绿色。

◑ 绿色的叶子

为什么藕里面有很多圆孔？

藕深深地埋在泥泞的池塘底，空气不易流通，自然呼吸也就会感到困难了。但是藕里有许多圆孔，这种孔与叶柄的孔是相通的。这样，深埋在污泥中的藕，能自由地通过叶面来呼吸新鲜空气。

◐ 莲藕

wèi shén me guī bèi zhú de yè piàn liè fèng duō
为什么龟背竹的叶片裂缝多？

guī bèi zhú shēng huó zài mò xī gē de rè dài yǔ lín
龟背竹生活在墨西哥的热带雨林

zhōng nà ér de qì hòu yán rè cháo shī jīng cháng huì yǒu
中，那儿的气候炎热潮湿，经常会有

dà bào yǔ bào yǔ guò hòu yǔ shuǐ kě yǐ
大暴雨。暴雨过后，雨水可以

shùn zhe guī bèi zhú yè piàn shang de liè fèng hé dòng
顺着龟背竹叶片上的裂缝和洞

hěn kuài liú dào dì xià qù zhè yàng guī bèi zhú de yè zi
很快流到地下去，这样，龟背竹的叶子

jiù bù róng yì fǔ làn le
就不容易腐烂了。

盆栽的龟背竹

wén zhú de yè zi zhǎng zài nǎ lǐ
文竹的叶子长在哪里？

hěn duō rén dōu yǐ wéi wén zhú nà mì mì de xiàng xì zhēn yī yàng de
很多人都以为文竹那密密的像细针一样的

jiù shì tā de yè zi shí jì shang nà shì wén zhú de jīng zhī wén zhú zhēn
就是它的叶子，实际上那是文竹的茎枝。文竹真

文竹

zhèng de yè zi yǐ jīng tuì huà chéng xì xiǎo de bái sè lín piàn le lín piàn
正的叶子已经退化成细小的白色鳞片了，鳞片

zhǐ yǒu zhī má dà xiǎo yǐn cáng zài xì zhī cóng zhōng bù róng yì bèi rén chá jué
只有芝麻大小，隐藏在细枝丛中，不容易被人察觉。

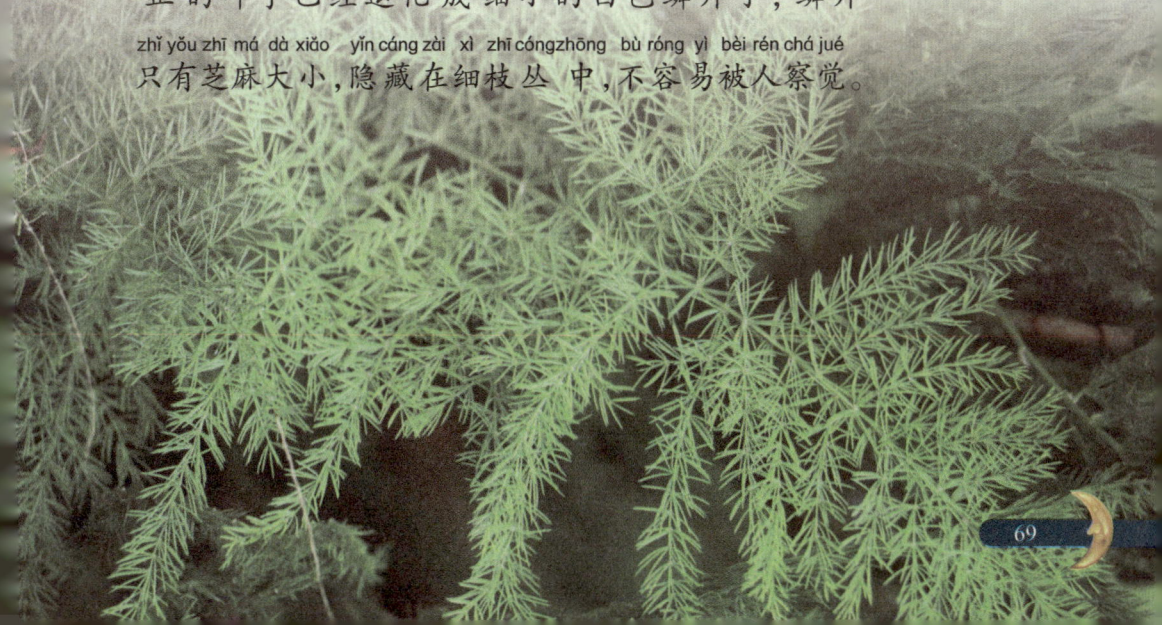

王莲的叶子为什么能载人？

王莲的叶子很大，直径一般在2米以上，而且它的载重能力也很强，有的甚至可以在上面坐一个人。王莲的叶子背面有许多气室，能使叶子平衡地浮在水面上，这样，王莲的叶子就可以载人了。

→ 王莲叶

为什么竹子开花就会死呢？

竹子一般要活十几年或几十年才会开一次花、结籽。通常竹子开花时，竹叶制造的所有养分都用来开花、结籽。等到开完花结完籽，竹子中贮藏的养分也就耗光了，于是它也完成了自己的使命，凋零、枯萎而死。

↻ 竹子

wú huā guǒ zhēn de méi yǒu huā ma
无花果真的没有花吗？

wú huā guǒ bù dàn kāi huā　ér qiě yī nián hái kāi
无花果不但开花，而且一年还开

liǎng cì huā　rén men píng shí kàn bù dào wú huā guǒ de
两次花！人们平时看不到无花果的

huā　shì yīn wèi tā bìng bù xiǎng zhǎn shì zì jǐ de fāng róng
花，是因为它并不想展示自己的芳容。

wú huā guǒ de huā kāi zài biǎo pí nèi　tā yǒu yī gè jiào
无花果的花开在表皮内，它有一个叫

zuò náng tuō　de zǔ zhī　nà pà xiū de xiǎo huā jiù shēng
作"囊托"的组织，那怕羞的小花就生

zhǎng zài lǐ miàn
长在里面。

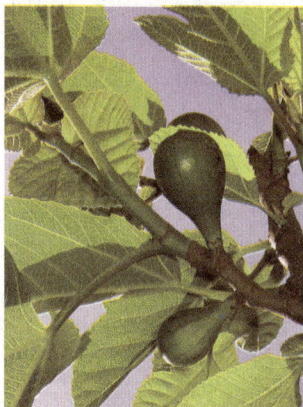

无花果

wèi shén me shuǐ xiān zài shuǐ lǐ jiù néng kāi huā
为什么水仙在水里就能开花？

shuǐ xiān zhǐ kào　hē　qīng shuǐ jiù néng
水仙只靠"喝"清水就能

zhǎng de hǎo　mì mì zài yú tā gēn bù de
长得好，秘密在于它根部的

lín jīng　lín jīng shì zài tǔ rǎng zhōng péi
鳞茎。鳞茎是在土壤中培

yù chū lái de　zhì shǎo xū yào sān nián de
育出来的，至少需要三年的

shí jiān cái néng cháng chéng　yīn cǐ tā yǐ jīng
时间才能长成，因此它已经

zài tǔ rǎng zhōng xī shōu le zú gòu de yǎng fèn　zú
在土壤中吸收了足够的养分，足

gòu shuǐ xiān zài shuǐ lǐ kāi huā
够水仙在水里开花。

水仙花

为什么说"毛毛虫"是杨树的花?

春天,杨树上总是挂着许多像毛毛虫一样的东西,其实那是杨树的花。杨树的花分两种:一种是雄花,由许多小花组成,往往很早就脱落了;一种是雌花,呈串状,可以播撒种子,也就是人们看到的"毛毛虫"。

杨树上的"毛毛虫"

为什么牵牛花只在早上开放?

早晨的空气比较湿润,阳光也比较柔和,牵牛花体内的水分很充足,就绽开出一朵朵艳丽的喇叭花。中午阳光强烈,空气干燥,牵牛花因为缺少水分而不得不悄悄地合上了小喇叭。

牵牛花

为什么说马蹄莲的花并不是花？

马蹄莲的"花"并不是真正的花，而是包裹在花序外面的白色大苞片，称为"佛焰苞"。在通常被人们误认为是黄色花芯的肉质小柱上，排列着许多极小的花，这才是真正的马蹄莲花。

马蹄莲

为什么千年古莲还能开花？

古莲子的生命力极强。它有一层坚硬的外壳，可以完全防止水分和空气的内渗或外泄；有一个小气孔，里面贮存着氧气、二氧化碳和氮气；还含有少量的水分和丰富的营养。

莲蓬

为什么雪莲不怕冷？

雪莲长得很矮小，茎又粗又短，叶子贴着地面生长，上面长满了白色的茸毛，可以防寒、抗风和防止紫外线的辐射。另外，雪莲的根系十分发达，可以深入地下吸收水分和养料。

珍贵的雪莲

荷花

为什么荷花出污泥而不染？

荷花和荷叶的表面都有一层像蜡一样的物质，而且有许多微小的突起，突起之间有空气。这样，当荷花的花芽和叶芽从污泥里钻出来时，由于表层有蜡质保护着，所以脏东西就很难附着上去。

为什么腊梅在冬天开花？

大多数植物都在春天和夏天开花，可是腊梅却与众不同。它偏偏要到寒冷的冬天，才会开花。原来，各种花都有不同

梅花

的生长季节和开花习惯，而0℃左右是最适合腊梅开花的温度，所以腊梅总是要到冬天才开花。

为什么菊花不怕冷？

水中的含糖量越高，就越不容易结冰。菊花不怕冷，就是因为菊花体内含有许多糖分，所以在寒冷结冰的气候中也能够开放出美丽的花朵。

菊花

为什么昙花在夜晚开放？

昙花

"昙花一现"最是珍贵，因为昙花大多在夜里开花。昙花原产于中南美洲的热带沙漠地区，那里的气候特别干燥，白天气温非常高，娇嫩的昙花只有在晚上开放才能避免被白天强烈的阳光灼伤。

为什么称牡丹为"花中之王"？

传说武则天登基后，冬天突然想看百花争艳的场景，于是下了一道命令，让所有的花一齐绽放，结果其他的花都开了，唯独牡丹不被其威力所逼迫，没有开花，后人为了赞誉牡丹，称其为花中之王。

牡丹

为什么称君子兰为"花中君子"？
wèi shén me chēng jūn zǐ lán wéi huā zhōng jūn zǐ

君子兰以叶、花、果并美而闻名，
jūn zǐ lán yǐ yè huā guǒ bìng měi ér wénmíng

它的叶子甚至比花更具有观赏价值。
tā de yè zi shèn zhì bǐ huāgēng jù yǒuguānshǎng jià zhí

在北方的寒冬，外面冰天雪地，室内
zài běi fāng de hándōng wàimiànbīng tiān xuě dì shì nèi

君子兰的叶片簇拥着一团火红的花
jūn zǐ lán de yè piàn cù yōngzhe yī tuán huǒhóng de huā

朵，花、叶都高贵大方，说它是"花中
duǒ huā yè dōu gāo guì dà fāng shuō tā shì huāzhōng

君子"，名副其实。
jūn zǐ míng fù qí shí

→ 君子兰

为什么月季被誉为"花中皇后"？
wèi shén me yuè jì bèi yù wéi huā zhōnghuáng hòu

↻ 月季

月季花容秀美，香味浓郁，香、色、
yuè jì huāróng xiù měi xiāngwèinóng yù xiāng sè

姿、韵四绝皆备。月季的花期很长，
zī yùn sì jué jiē bèi yuè jì de huā qī hěncháng

能从5月一直开到11
néngcóng yuè yī zhí kāi dào

月，可以做到"春
yuè kě yǐ zuò dào chūn

色四时常在
sè sì shí cháng zài

目，但看花
mù dàn kàn huā

开月月红"，所以被
kāi yuè yuèhóng suǒ yǐ bèi

誉为"花中皇后"。
yù wéi huāzhōnghuánghòu

薰衣草

为什么薰衣草可以驱逐蚊子？

薰衣草的香味里面含有一种特殊的物质，这种物质对人体没有什么伤害，但是蚊子却非常讨厌这种味道。不仅是蚊子，蟑螂、苍蝇等虫也对这种气味退避三舍，这些气味还可以抑制或杀灭细菌和病毒呢！

千岁兰能活一千岁吗？

千岁兰生长在沙漠中，茎十分短粗。这种奇特的植物寿命很长，一般都能活百年以上。据科学家测定，最长寿的千岁兰已经活了将近2000年，因此称它为千岁兰一点也不过分。

千岁兰

为什么大王花有臭味？
wèi shén me dà wáng huā yǒu chòu wèi

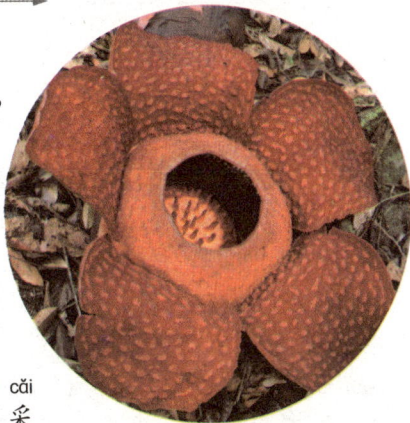
大王花

大王花是世界上最大的花，
dà wáng huā shì shì jiè shang zuì dà de huā

花朵中央是一个大蜜槽，从里面
huā duǒ zhōng yāng shì yī gè dà mì cáo cóng lǐ miàn

散发出一股很浓的臭味。小昆
sàn fā chū yī gǔ hěn nóng de chòu wèi xiǎo kūn

虫对这种臭味非常喜欢，大王
chóng duì zhè zhǒng chòu wèi fēi cháng xǐ huān dà wáng

花一开花，小昆虫们就会飞来，在采
huā yī kāi huā xiǎo kūn chóng men jiù huì fēi lái zài cǎi

食花蜜的同时，帮助大王花传播花粉。
shí huā mì de tóng shí bāng zhù dà wáng huā chuán bō huā fěn

为什么向日葵会朝向太阳生长？
wèi shén me xiàng rì kuí huì cháo xiàng tài yáng shēng zhǎng

向日葵颈部的生长素胆
xiàng rì kuí jǐng bù de shēng cháng sù dǎn

小怕阳光，一见阳光，就跑到
xiǎo pà yáng guāng yī jiàn yáng guāng jiù pǎo dào

背光的侧面去躲避起来。这
bèi guāng de cè miàn qù duǒ bì qǐ lái zhè

样，背光一面的生长素越来
yàng bèi guāng yī miàn de shēng zhǎng sù yuè lái

越多，长得也比向阳的一面快
yuè duō cháng de yě bǐ xiàng yáng de yī miàn kuài

些，向日葵就总向着太阳生
xiē xiàng rì kuí jiù zǒng xiàng zhe tài yáng shēng

长。
zhǎng

向日葵

为什么夜来香在夜里发出香味？

夜来香花瓣上散发香味的气孔有个奇怪的毛病：一旦空气的湿度大，它就张得大，气孔张得大了，蒸发的芳香油就多。夜间空气湿润，气孔就张大，散发出的芳香油也就越多，香气也就会特别浓。

夜来香

圣诞花

为什么说圣诞花不是花？

圣诞花又叫"一品红"，很多人都以为它被观赏的部分是花，其实那是它的变态叶。它真正的花朵是藏在那些红色叶子中间的鹅黄色小花。不过，它们太小，颜色太淡，一点也没有那红色的叶子起眼。

为什么仙人掌会长刺？

仙人掌的刺其实是退化了的叶子。沙漠里太热了，阳光很厉害，如果植物的叶子又宽又大，水分很快就会被蒸发光了。而细刺状的叶子能让仙人掌尽量把水分留在体内，这样，它们就能在缺水的沙漠里生存下去了。

🔵 仙人掌

棉花是花吗？

棉花其实并不是花，而是长在棉籽上的绒毛，也称棉絮。棉絮是一种植物纤维，可以用来纺纱织布，是人们做衣服的原料之一。棉花真正的花在初夏开放，有多种颜色并且可以变色，非常漂亮。

🔵 棉花

植物探秘

什么是"花钟"？

利用植物定时开放的特性,瑞典植物学家林奈把一些经过选择的花,组合排列成"钟表"种在花园里,要想知道几点钟了,只要去看看什么花在开放就行了,人们把这个别出心裁的创造叫做"花钟"。

❀ 五颜六色的花

为什么植物的果实甘甜多汁？

植物的果实甜美多汁,是为了吸引动物为它传播种子。动物把果实吃下去,种子也跟着进了它们的肚子。种子在动物肚子里很难消化,它们随着动物的粪便排出体外。动物的粪便里面有很多养分,所以种子很快会长出新的植株。

❀ 美味的果实

香蕉的种子哪里去了？

原来野生的香蕉也有一粒粒很硬的种子，吃的时候很不方便。后来在人工栽培、选择下，野香蕉逐渐朝人们所希望的方向发展，时间久了，它们就改变了结硬种子的本性，变成了现在的样子。

🍌 香蕉

🍑 梅子

为什么梅子那么酸？

梅子酸，是因为它含有很多有机酸，如酒石酸、单宁酸、苹果酸等。未成熟的小青梅中还含有苦味酸、氰酸，因而吃起来就更感到酸中带苦了。

甘蔗

榴莲为什么这么臭？
liú lián wèi shén me zhè me chòu

chéngshú de liú lián huì sàn fā chū yī zhǒng lèi sì
成熟的榴莲，会散发出一种类似

liú huà wù de qì wèi tián ér qí chòu lìng rén wàng ér què
硫化物的气味，甜而奇臭，令人望而却

bù dàn rú guǒ xí guàn le zhèzhǒng qì wèi jiù zì huì gǎn
步。但如果习惯了这种气味，就自会感

jué dào qí zhōng zuì rén de fāngxiāng shí fēn shén qí
觉到其中醉人的芳香，十分神奇。

榴莲

为什么甘蔗只有一头甜？
wèi shén me gān zhe zhǐ yǒu yī tóu tián

suǒ yǒu de zhí wù dōu shì cónggēn bù kāi shǐ xiàngshàng
所有的植物都是从根部开始向上

shēngzhǎng de suǒ yǒu de táng fèn yě dōu shì zhù cún zài gēn
生长的，所有的糖分也都是贮存在根

bù de yīn cǐ gān zhe yī jié yī jié cóng xià miànwǎngshàng
部的。因此甘蔗一节一节从下面往上

zhǎng dàn yuèwǎng xià miànzhù cún de táng fèn yuènóng yī xiē
长，但越往下面贮存的糖分越浓一些。

yú shì gān zhe de gēn bù bǐ gān zhe tóu bù yào tián de duō
于是甘蔗的根部比甘蔗头部要甜得多。

为什么草莓的种子在果肉的外边？

植物的种子一般都包在果实的最里面，但是在草莓的身体里却没有发现种子。草莓身体表面那些凹穴中的小黑籽就是草莓的种子。草莓能吃的果肉不是由子房发育形成，而是由花托膨大形成的，这种果实被称为"假果"。

↑ 草莓

↑ 花生

为什么花生的果实结在地下？

↓ 花生的果实

因为花生的花朵在地面上受精之后，由于孕育果实的子房怕光，需要在黑暗潮湿的环境里发育，所以才逐渐扎进土中，在土壤里长成了果实。

为什么发芽的马铃薯不能吃？
wèi shén me fā yá de mǎ líng shǔ bù néng chī

如果把发芽的马铃薯拿来做菜，人吃了往往会出现呕吐、发冷等中毒症状。这是因为马铃薯中发芽的芽眼周围产生了一种名叫龙葵碱的剧毒物质，人吃了就会中毒，所以发了芽的马铃薯不能吃。

马铃薯

玉米

为什么玉米会长"胡须"？
wèi shén me yù mǐ huì zhǎng hú xū

那是因为玉米的雌花和雄花不长在一起，雄花长在茎的顶端，雌花长在茎间，雄花的花粉落到雌花上，受精后每朵小花都会成一颗玉米粒，而花丝就成了我们见到的"胡须"。

你知道五倍子吗？

五倍子是一种特别的中药材，它是一种蚜虫在某些植物的幼叶上寄生而长出来的东西。这种蚜虫叫五倍子蚜虫，它首先在植物的幼叶上咬出一个小洞钻进去，幼叶受刺激后加速生长，把五倍子蚜虫包裹起来，就形成了五倍子。

为什么薄荷是清凉的？

在薄荷的茎和叶里，含有很多薄荷油。吃薄荷会有清凉的感觉，这并不是皮肤降温了，而是薄荷中所含的薄荷油对人体皮肤上的神经末梢有了刺激，产生了一种冷的感觉。

颜色翠绿的薄荷叶

冬虫夏草是虫还是草？

冬虫夏草既不是虫也不是草，而是一种真菌——虫草菌。虫草菌的孢子一旦遇到土层中的蝙蝠蛾幼虫，就会钻进幼虫体内，把幼虫内部的营养吸干，夏天时再从幼虫的躯壳里面长出来，就像一株小草。

→ 冬虫夏草

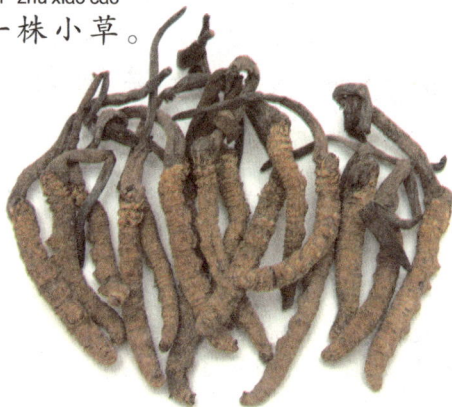

↶ 爬山虎

为什么爬山虎能沿着墙向上爬？

爬山虎卷须的顶端长有吸盘，吸盘的边缘可以分泌黏液；当吸盘接触到墙壁时，黏液就会将吸盘密封起来，使吸盘产生吸力；多个吸盘能紧紧地吸住墙壁，爬山虎就能"飞檐走壁"了。

菟丝子是"寄生虫"吗？
tù sī zǐ shì jì shēngchóng ma

菟丝子刚出土的时候还过着独立的生活，慢
tù sī zǐ gāngchū tǔ de shí hou hái guò zhe dú lì de shēnghuó màn

慢就开始不安分起来。它一旦碰上大豆的茎，就
màn jiù kāi shǐ bù ān fèn qǐ lái tā yí dàn pèngshàng dà dòu de jīng jiù

迅速缠绕上去，开始过
xùn sù chán rào shàng qù kāi shǐ guò

上不劳而获的寄生生
shàng bù láo ér huò de jì shēngshēng

活。因此，菟丝子被称
huó yīn cǐ tù sī zǐ bèichēng

为植物界的"寄生虫"。
wéi zhí wù jiè de jì shēngchóng

❧ 菟丝子

为什么睡莲要"睡觉"
wèi shén me shuì lián yào shuì jiào

睡莲并没有真正"入睡"，只是它对阳光的反应特别敏
shuì lián bìng méi yǒuzhēnzhèng rù shuì zhǐ shì tā duì yángguāng de fǎn yìng tè bié mǐn

感。早上太阳出来时，闭合着的花瓣外面受光部分的生长
gǎn zǎoshàng tài yángchū lái shí bì hé zhe de huā bàn wàimiànshòuguāng bù fen de shēngzhǎng

速度变慢，里面迅速生长，于是花瓣便从里向外绽放；到了下
sù dù biànmàn lǐ miànxùn sù shēngzhǎng yú shì huā bàn biàncóng lǐ xiàngwàizhànfàng dào le xià

午情况则正好相反，于是花儿就逐渐闭合。
wǔ qíngkuàng zé zhènghǎoxiāng fǎn yú shì huā ér jiù zhú jiàn bì hé

❧ 睡莲

捕蝇草是如何捕捉昆虫的？

捕蝇草的叶子长得很像一个夹子，夹子的外缘长满了刺状的毛。当昆虫飞来或是小爬虫爬到夹子边缘上，碰到上面的毛时，夹子就会迅速合拢，"夹子"两端的刺毛正好交错，形成笼状，这样，昆虫就无法逃走了。

捕蝇草

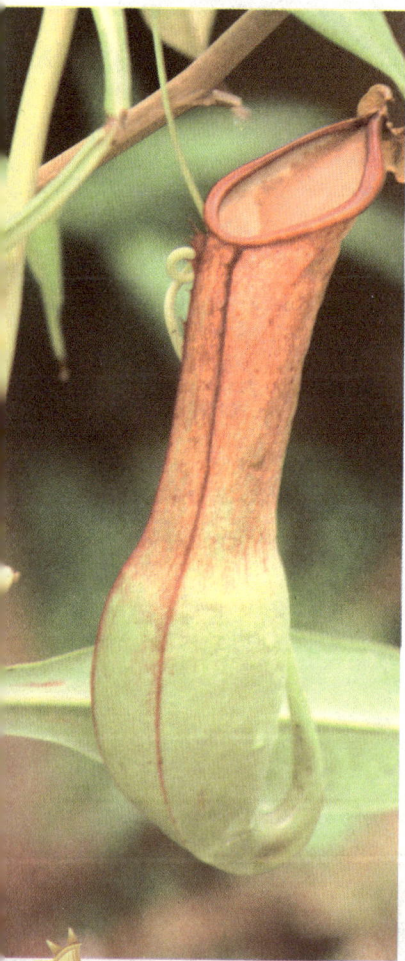
猪笼草

猪笼草为什么能吃虫？

猪笼草的叶子很奇特，长得就像一个精巧的小瓶子，小瓶子能渗出香甜的汁液，吸引小昆虫往里面钻。瓶子里面滑溜溜的，虫子一不小心就会滑到瓶底，掉进黏糊糊的消化液里。这样，小昆虫就成了猪笼草的美餐。

为什么雨后春笋长得特别快？

春笋生长需要很多的水，如果水分不足，春笋就长不快，有的芽只是暂时待在土壤里。只要雨水一到，春笋的芽喝足了水，就会从土里拱出地面，很快长高。所以雨后春笋长得特别快。

⬆ 春笋

为什么雨后蘑菇特别多？

蘑菇的孢子落到泥土里或者朽木上，不会马上发育，直到获得充足的养料和水分后，才会长出菌丝，钻出地面，伸展成一个个蘑菇。所以下雨后，蘑菇长得又快又多。

⬆ 树林里的蘑菇

为什么说香蕉树不是树？

香蕉是草本植物，因此不能被称为树。香蕉看上去像树，但我们看到的香蕉的"茎"其实是叶的一部分，是由香蕉的叶鞘包裹而成的假茎。香蕉的叶子也是草质的，所以香蕉不是树。

香蕉树

为什么说独脚金是一种可怕的草？

独脚金的种子落在寄主植物身旁后，会紧紧吸住寄主植物，把寄主体内的大量营养都吸到自己身上来，作为寄主的高粱、玉米等因此会枯萎而死。独脚金的繁殖能力超强，是一种可怕的草。

为什么含羞草会怕羞？

含羞草的小叶下面有一个叶枕，里面充满了水分，并且保持很大的压力。当我们碰触含羞草的叶子时，叶枕下半部的水分马上流向上半部和两侧，下部压力消失了，小叶就相互合拢，看来就像是害羞了一样。

含羞草

为什么灵芝被称为"仙草"？

灵芝其实并不是草，而是一种真菌。因为灵芝既能够治病，又有滋补保健的作用，再加上天然灵芝常常生长在崇山峻岭之中，十分难得，人们觉得它就像仙境的灵草一样神奇和珍贵，因此称它为"仙草"。

灵芝

动物悬疑 》》》

在这颗蓝色的星球上，生活着各种各样的动物。奇妙的动物们有着不同的习性，它们或者可爱，或者神秘，或者古怪，或者聪明。动物以它们独特的方式活跃在地球的各个角落，与人类一起守护着地球这个我们共同的家园。

全世界目前有多少种动物？

世界上的动物种类繁多，已经被人们描述过的大约有150万种。按照身体内有没有脊椎，可以将动物分为脊椎动物和无脊椎动物两大类，脊椎动物又可分为鱼类、两栖类、爬行类、鸟类和哺乳类五大类群。

哪种动物最长寿？

在所有动物中，巨型乌龟的寿命最长，大约能活170多年。乌龟的心脏机能很强，新陈代谢极为缓慢，能量消耗极少，这些对于乌龟的长寿起着重要的作用。

动物会不会做梦？

经过科学家研究发现，大部分爬行动物都不会做梦。鱼类、两栖类和无脊椎动物，如青蛙、章鱼等也都不会做梦。鸟类会做梦，但它们的梦一般都比较短。而各种哺乳动物，如猫、狗等家畜，以及大象、老鼠等都会做梦。

狗将要进入梦乡

动物生病了怎么办？

动物们会利用周围的环境和野生植物来治病。例如贪嘴的野猫吃坏肚子后，会去找一种叫做"藜芦草"的植物来吃，吃完后就能把肚子里的东西吐出来。获得了皮肤病后，会到温泉中去洗澡。而吐绶鸡感冒时，会去找安息香的树叶来吃。

生病的小狗

群居动物中一只动物死了，其他动物会不会伤心？

一只大雁死后，它的伙伴们会伤心好几个星期；狼的伙伴死去后，它们也会伤心。但并不是所有的群居动物都是这样，像羚羊、斑马等食草动物，当一个伙伴被猎杀后，它们常常表现得无动于衷。

蚂蚁是社会性很强的昆虫，彼此通过身体发出的信息素来进行交流沟通。当蚂蚁找到食物时，会在食物上撒布信息素，别的蚂蚁就会本能地把有信息素的东西拖回洞里去。

动物也有自己的语言吗？

动物也有自己特定的交流"语言"，例如猴子会使用不同的声音来报告不同敌人的来临。大部分昆虫则用气味"语言"联系，它们靠释放一种有特殊气味的微量物质来进行通信。

冷血动物的血是冷的吗？

冷血动物是没有体内调温系统的动物，它们的血液并不真是冷的，只是血液温度会随着外界温度的变化而变化。如蛇、鳄鱼等动物，早上需要晒太阳使体温升高，才能进行活动。

蛇是典型的冷血动物。

为什么昆虫不能长得和大象一样大？

本来对昆虫来说外骨骼是较坚硬的，变大后就显得相当脆弱。没有外骨骼的保护，昆虫根本无法活下去。另外昆虫通过气体的扩散来获取氧气，而对于像大象这么大的生物来说，这种方式实在太慢了，结果只能窒息而死。

昆虫通常是中小型到极微小的无脊椎生物，是节肢动物的主要成员之一。

蚂蚁为什么要为同伴举行"葬礼"？

蚂蚁会分泌特殊气味的激素，作为它们之间往来联络的信号。蚂蚁死后，尸体分解时产生"尸臭"味，能使这种联络信号失去作用。所以工蚁们一闻到"尸臭"气味，就会立即前来把伙伴的尸体抬到窝外，用沙土埋起来。

花枝上的蚂蚁和蚜虫

萤火虫为什么要发光？

萤火虫发光的目的一是为了求偶，吸引异性，二是为了警告敌人：自己的口感一点都不好。不同种类的萤火虫发出的光颜色也不同，有绿色的，也有黄色的、琥珀色的。

wèi shén me mì fēng zhē rén hòu zì jǐ huì sǐ qù
为什么蜜蜂蜇人后自己会死去？

mì fēng de dú zhēnwèi yú fù bù zhēn de jiān
蜜蜂的毒针位于腹部，针的尖

duānyǒu jǐ gè dǎo gōu dāng dú zhēnzhē rù rén de
端有几个倒钩。当毒针蜇入人的

pí fū shí dǎo gōu huì láo láo de gōu zhù rén de jī
皮肤时，倒钩会牢牢地钩住人的肌

ròu zhè xiē cì zhēnlián jiē zhe mì fēng de nèi zàng
肉。这些刺针连接着蜜蜂的内脏，

rú guǒqiángxíng bá chū lái nèi zàng jiù huì yī qǐ bèi
如果强行拔出来，内脏就会一起被

lā chū lái mì fēngdāng rán jiù sǐ qù le
拉出来，蜜蜂当然就死去了。

蜜蜂

蝉

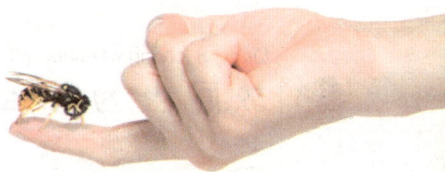

chán shì yòng zuǐ chàng gē de ma
蝉是用嘴唱歌的吗？

chán de yīn lè hé wèi yú fù bù chán
蝉的"音乐盒"位于腹部。蝉

zhī suǒ yǐ néngmíngjiào shì yīn wèi tā de fù bù yǒu
之所以能鸣叫，是因为它的腹部有

yī duìmíng qì yóu jìng mó hé gǔ mó zǔ chéng dāng
一对鸣器，由镜膜和鼓膜组成，当

mó nèi fā yīn gǔ shōusuō shí biànchǎnshēngshēng bō
膜内发音鼓收缩时，便产生声波，

fā chū liáo liàng de shēng yīn bù guòmíng qì zhǐ yǒu
发出嘹亮的声音。不过鸣器只有

xióngchán cái yǒu cí chán shì yǎ ba
雄蝉才有，雌蝉是"哑巴"。

wèi shén me qiū yǐn duàn chéng liǎng jié hòu hái néng zài shēng
为什么蚯蚓断成两截后还能再生？

qiū yǐn bèi qiē chéng liǎng duàn shí   tā duàn miàn shang
蚯蚓被切成两段时，它断面上

de jī ròu zǔ zhī lì jí shōu suō   yī bù fen jī ròu
的肌肉组织立即收缩，一部分肌肉

xùn sù róng jiě   xíng chéng xīn de xì bāo tuán tóng shí
迅速溶解，形成新的细胞团，同时

fēn mì chū yī zhǒng huáng sè de dài yǒu nián xìng de wù
分泌出一种黄色的带有黏性的物

zhì bǎ shāng kǒu bāo guǒ qǐ lái   suǒ yǐ qiū yǐn yòu néng
质把伤口包裹起来，所以蚯蚓又能

zài huó xià lái
再活下来。

蚯蚓

放屁虫

fàng pì chóng wèi shén me yào fàng
放屁虫为什么要放
pì
屁？

fàng pì chóng shēn shang yǒu yī zhǒng tè
放屁虫身上有一种特

shū de chòu xiàn   dāng tā yù dào jīng xià shí
殊的臭腺，当它遇到惊吓时，

chòu xiàn jiù huì fēn mì chū huī fā xìng de chòu
臭腺就会分泌出挥发性的臭

chóng suān lái   zhè zhǒng chòu chong suān xùn sù
虫酸来，这种臭虫酸迅速

mí màn dào kōng qì zhōng   shǐ sì zhōu chòu bù
弥漫到空气中，使四周臭不

kě wén   fàng pì chóng jiù shì yòng zhè yī zhāo
可闻。放屁虫就是用这一招

lái dǐ yù dí hài de
来抵御敌害的。

蜈蚣真的有一百条腿吗？
wú gōng zhēn de yǒu yī bǎi tiáo tuǐ ma

蜈蚣俗称"百足之虫"，而且，有些蜈蚣也真的有100条腿，但并不是每一只蜈蚣都有100条腿。事实上，有的蜈蚣的腿超过100条，而有些蜈蚣则只有30条腿。

↑ 蜈蚣

屎壳郎为什么要滚粪球？
shǐ ke láng wèi shén me yào gǔn fèn qiú

屎壳郎滚粪球可不是为了好玩，而是为了给它们的儿女准备食物。屎壳郎会在粪球上挖一个洞，将卵产在里面。小屎壳郎孵出来后，就以粪球为食。粪球被吃光的时候，小屎壳郎就长大了。

↺ 正在寻找粪球的屎壳郎

飞蛾为什么要扑火？

飞蛾在夜间飞行时，是依靠月光来判定方向的，但它们会把火光错当成月光。为了同光源保持固定的角度，飞蛾不断地调整飞行方向，打着转儿地围着光源飞，最终出现"飞蛾扑火"的情形。

○ 飞蛾

蜘蛛自己为什么不会被网住？

蜘蛛吐出的丝分为横丝、纵丝两种，纵丝没有黏性，横丝上有像水珠一般的"黏珠"。蜘蛛会选择在纵丝上活动，避免被粘住。蜘蛛还能分泌出一种油性物质，使它即使碰到了横丝也不会被粘住。

○ 正在捕食的蜘蛛

跳蚤为什么能跳那么高？

远古的时候，跳蚤是有翅膀的，后来逐渐退化了。它跳跃时，牵动翅膀的肌肉能从背部变换到侧面，从而加强了跳跃能力。而且，跳蚤的后腿非常发达，也增加了它的跳跃能力。

跳蚤的身体内部有一块弹性很大的物质

为什么苍蝇到了冬天会死，而卵冻不死？

身体有向外突出的东西容易受冻，苍蝇的卵——蛆和蛹在这方面就很有优势了，它们既没有腿，也没有翅膀，甚至连眼睛、触角都没有。因此，蛆和蛹比苍蝇更能忍受寒冷的冬季。

苍蝇在树叶上

蚊子做过什么好事？

雄蚊子吃甜液，甜液是蟑螂的排泄物，夏天的时候粘在许多树上，如果不是雄蚊子及时把它们打扫干净，真无法想象

蚊子

这世界该有多脏。蚊子还爱吸食花蜜，因此也可以为植物授粉。

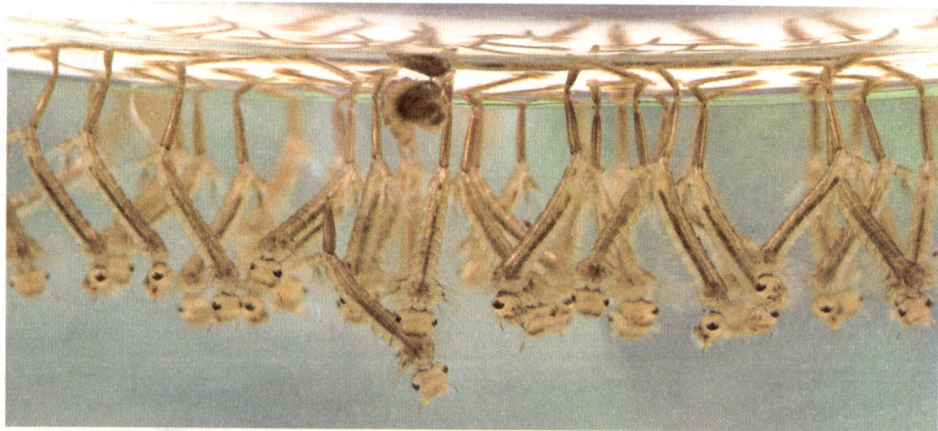
蚊子的幼虫

为什么只有雌蚊子才吸血？

雌蚊子吸血是为了寻找一种氨基酸——异亮氨酸。氨基酸是蛋白质的基本单位，而雌蚊子需要蛋白质来产卵。如果它们能得到异亮氨酸，那么便可以下100多个卵。如果找不到，那最多只能产10个卵。

怎样知道鱼的年龄？

春夏时节是鱼类的生长旺季，鳞片长得快，产生了很亮很宽的同心圆；进入秋冬后，鱼类生长变得缓慢起来，鳞片的生长也慢，从而产生很暗很窄的同心圆。根据这些鳞片上的同心圆，就可以推算出鱼类的年龄。

欣赏和养殖观赏鱼是当今人类一项极富情趣的休闲活动。

鱼也会放屁吗？

鱼儿跟人一样，也会放屁。鱼类具有完整的消化道，消化道中同样会因为消化不充分、发酵等原因产生气体，这些气体会从消化道末端的排泄孔释放出去，在水中出现一些小气泡。

金鱼

107

鲤鱼为什么喜欢"跳龙门"？

鲤鱼爱跳跃只是鱼类的一种本能反应。周围环境发生变化，鲤鱼就会跳出水面。到了繁殖期，鲤鱼体内还会产生一种能刺激神经的物质，使它变得异常兴奋，这时它就会不停地跳出水面，相互撞击身体来产卵。

锦鲤

为什么乌贼要喷墨汁？

当遇到强敌来不及逃跑时，乌贼就会释放"墨汁弹"，把周围的海水染黑，然后趁机逃跑。这些"墨汁"中含有毒素，如果一不小心中招，可不是一件好受的事情。

乌贼

蚌壳里为什么会长出珍珠？

蚌肉非常柔软，所以为了保护自己，它装备了衬托肉体的光滑表面。当有刺激物，比如一颗沙粒恰巧进入了蚌壳内，蚌就会用一层接一层的珍珠质围住它。时间一久，这些富有美丽光泽的珍珠质就会变成一粒粒圆圆亮亮的珍珠。

🐙 蚌壳里的珍珠

章鱼是鱼吗？

章鱼虽然被称作"鱼"，但它其实是一种软体动物。章鱼没有脊椎骨，全身都是柔软的肌肉，长有八只像绸带一样柔软的长触手，弯弯曲曲地漂浮在水中，所以渔民们又称它为"八带鱼"。

🐙 章鱼的触手

食人鱼真的食人吗?

食人鱼确实吃人,陆上动物或人如果不幸落入有食人鱼的河中,用不了几分钟,就会变成了一副骷髅。食人鱼对血液特别敏感,一丝血水、一点点血腥味就会使它们成群结队地赶来。

食人鱼

漂亮的粉红海葵和小丑鱼

小丑鱼为什么不怕海葵?

小丑鱼并不是天生不怕海葵的毒刺,而是要经过一个痛苦的适应过程。当小丑鱼选定一只海葵时,它会先摩擦海葵的触手。过不了多久,小丑鱼的身上就能分泌出黏液,可以使海葵认为小丑鱼是自己的另外一条触手。

对虾都是雌雄成对的吗？

duì xiā dōu shì cí xióng chéng duì de ma

对虾生性孤僻，雌雄之间很少往来，更谈不上成双成对了。过去渔民在市场上出售这种虾时，常将它们两个两个首尾相连成对出售，于是人们就给它取了这么个名字，并沿用至今。

虾

螃蟹为什么横着走？

páng xiè wèi shén me héng zhe zǒu

螃蟹是依靠地磁场来判断方向的，它的内耳有定向小磁体。地球形成以后，地磁南北极已经发生过多次倒转，使螃蟹体内的小磁体失去了原来的定向作用。为了使自己生存下来，螃蟹干脆不前进也不后退，而是横着走。

螃蟹

鲸用肺呼吸，为什么到了陆地上会很快死掉？

因为鲸实在是太大太重了。上岸后，鲸的心、肺以及其他的内脏会受到严重压迫，导致呼吸、血液循环发生极大的困难，短时间内就会窒息而死。

海豚为什么救人？

海豚救人的行为纯粹是出于它的本能。海豚是哺乳动物，隔一段时间就要露出水面进行呼吸，所以当在水下窒息的同伴受到死亡的威胁时，海豚的救助本能就会使它们对同伴进行营救。

海豚和人类非常亲近

臭鼬的臭味为什么熏不倒自己？

臭鼬生性稳重，就像知道自己不受欢迎一样，它甚至有几分孤僻。而且，臭鼬并不会随随便便就喷射出臭气。事实上，臭鼬不太会向自己的同类发射这种臭气，想来它们自己也知道这种气味并不好闻吧！

🐙 臭鼬

狼的眼睛在夜里为什么发绿光？

动物的眼睛不是光源，本身并不会发光。狼在光线很暗的环境中也能看清东西，它眼睛的瞳孔深处有一层薄膜，能把收集到的光线反射出去。狼的眼睛在黑暗中发光，就是因为那层膜能反射光线的缘故。

🌙 嚎叫的狼

大猩猩为什么喜欢捶胸？

大猩猩的这种举动是一种示威动作，是在向对方展示自己的力量。灵长目的动物中，黑猩猩也有这种拍胸的习性，但长臂猿却没有发现有类似的举动。

坐在石头上拍胸示威的大猩猩

大象真的怕老鼠吗？

传说中，大象很怕老鼠，因为老鼠会钻进它的鼻孔，让它难受。事实上，老鼠绝不会把大象的鼻子当成洞穴来钻，就算真的钻了，大象也不必害怕，它只要一呼气或者一甩鼻子，就能把老鼠甩得远远的。

体型庞大的大象

蝙蝠为什么要在夜里飞行？

蝙蝠喜欢在夜间出来觅食，白天它们都在漆黑的山洞或建筑物里睡觉。这样它们就能够趁猎物睡着时捕食，也可以避开其他动物和高温阳光的伤害。蝙蝠宽大的翅膀没有毛，如果白天出来的话，会被太阳晒干。

⬆ 蝙蝠

⬇ 狮子

狮子和老虎哪一个更厉害？

如果老虎和狮子进行斗争，老虎可能会更胜一筹。因为老虎的耐力和灵敏度都高于狮子。但是狮子是群居动物，而老虎喜欢独处，所以，如果双方发生冲突，一群狮子对付一只老虎的话，老虎必败无疑。

黑熊为什么爱吃蚂蚁？

黑熊

黑熊常吃的野果不容易消化，常常会觉得肚子胀。蚂蚁被黑熊吃进肚子后，不会马上死掉，它们在黑熊胃肠中疯狂地爬动逃生，就替黑熊疏通了肠胃，起到了帮助消化的作用。

为什么猴子喜欢"抓虱子"？

猴子需要经常补充盐分，可平时它们吃的东西里含盐很少。猴子每天都要出很多汗，汗水挥发后，盐分就会和身上的污垢混合在一起形成盐粒。当猴子觉得身体中盐分不足时，就会拾取同伴身上的盐粒来吃。猴子互相"抓虱子"，其实就是在找盐粒吃。

猴子

北极熊

为什么南极没有北极熊？

北极与欧美等大陆是相连的，这些大陆的熊类动物靠步行迁移到北极后，逐渐演化成了北极熊。然而南极却是一个独立的大陆，汪洋大海切断了北极熊通往南极的路，所以南极才没有北极熊。

长颈鹿的脖子为什么那么长？

长颈鹿

长颈鹿一直生存在干旱少雨的环境里，地上的植物稀少。为了活下去，它们只有努力伸长脖子，去吃树上的嫩叶子。这样久而久之，长颈鹿的脖子就逐渐变长了。

蝙蝠为什么倒挂着睡觉？

蝙蝠的后腿十分短小，当它落在地面上时，宽大的翼膜就会搭在地上，阻碍飞行。所以蝙蝠睡觉时总是把自己倒挂起来，一旦遇到危险，只要松开爪子就能轻松起飞，逃之夭夭了。

睡觉的蝙蝠

袋鼠肚子上为什么有一个口袋？

这个口袋，实际上是袋鼠妈妈的"育儿袋"。袋鼠是一种低等的哺乳动物，它们用胎生的方式生下小袋鼠，但是刚生下来的幼兽可不像别的高级哺乳动物那样发育良好。它们必须待在妈妈的袋子里继续发育。

袋鼠妈妈和小袋鼠

láng wèi shén me ài zài yè wǎn háo jiào
狼为什么爱在夜晚嗥叫？

láng shì yī zhǒng yè xíngxìng de dòng wù　tā bái tiān duǒ zài yǐn bì chù
狼是一种夜行性的动物，它白天躲在隐蔽处

xiū xi　tiān hēi hòu jiù　jí qún wài chū xúnzhǎo shí wù
休息，天黑后就集群外出寻找食物。

yīn cǐ　rén menchángzài yè wǎn tīng jiàn láng de háo jiào
因此，人们常在夜晚听见狼的嗥叫。

láng kào jiàoshēng lái chuán dì xìn xī　zài fán zhí qī
狼靠叫声来传递信息，在繁殖期，

láng yě huì fā chū háo jiàoshēng lái xúnzhǎo pèi ǒu
狼也会发出嗥叫声来寻找配偶。

狼

yǎn shǔ yī shài tài yáng jiù huì sǐ ma
鼹鼠一晒太阳就会死吗？

yǎn shǔ shì zài dì xià shēnghuó de dòng wù　yīn wèichángnián bù dào dì miànshang lái　yǎn
鼹鼠是在地下生活的动物，因为长年不到地面上来，鼹

shǔ bù xí guànyángguāng de zhàoshè　rú guǒshòudàoyángguāng zhí shè　yǎn shǔ pínghéng tǐ wēn de
鼠不习惯阳光的照射。如果受到阳光直射，鼹鼠平衡体温的

shénjīngzhōngshū jiù shī qù le tiáo jié zuòyòng　suǒ yǐ zhǐ yàoshòudàoqiáng liè yángguāng de duǎn
神经中枢就失去了调节作用。所以只要受到强烈阳光的短

shí jiānzhàoshè　yǎn shǔ jiù huìshòu bù le　shí jiānshāocháng hái huì dǎo zhì sǐ wáng
时间照射，鼹鼠就会受不了，时间稍长，还会导致死亡。

鼹鼠

"四不像"是什么动物？

麋鹿的长相很奇特，它的角似鹿又不是鹿，颈似骆驼又不是骆驼，尾巴似驴又不是驴，蹄子似牛又不是牛，因此又被称为"四不像"。麋鹿是中国特有的动物，也是世界珍稀物种。

⬆ 麋鹿

☾ 一般所说的狐狸，又叫红狐、赤狐和草狐。

狐狸真的很狡猾吗？

狐狸的警觉性很高，平时习惯于单独生活，生殖时才结成小群体。如果它窝里的小狐狸被发现了，狐狸就会立即"搬家"。或许正是因为它的聪明和警觉，人们才会把它塑造成狡猾的形象。

美洲虎是老虎吗？

美洲虎又叫美洲豹，但它其实既不是虎，也不是豹。它是美洲大陆上最大的猫科动物，既有老虎和狮子的力量，又有豹和猫的灵敏。由于整个美洲不产虎，人们也没见过真老虎，才把它称做"虎"。

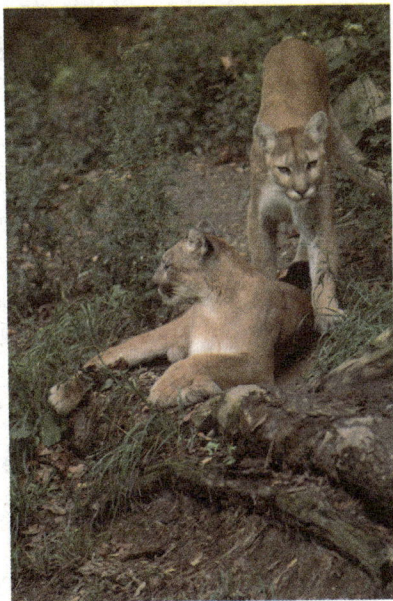

↑ 美洲虎

斑马为什么爱和长颈鹿在一起？

斑马生活在广阔的非洲大草原上，它们的作战能力和自我保护能力很弱，有很多猛兽都是它们的天敌。而长颈鹿却能看到很远的地方，有敌人来临时，它们往往能在第一时间发现。所以，斑马只要紧跟着长颈鹿，就能及时发现敌人。

长颈鹿群和斑马

为什么驴爱在地上打滚？
wèi shén me lú ài zài dì shàng dǎ gǔn

驴

驴的皮毛里经常会有寄生虫，使它身上奇痒难受。驴子用力打滚时，不但可以滚掉寄生虫，还能顺便蹭一下痒痒。另外，一天劳累以后，在地上打打滚还可以为驴子舒筋活血、解解乏，是个恢复体力的好方法。

马为什么站着睡觉？
mǎ wèi shén me zhàn zhe shuì jué

野生的马是生活在草原上的食草动物，它有很多天敌，随时都有被吃掉的危险。所以它们在晚上也只能站着歇息，一有什么动静，就可以马上逃走。马儿被训练成家畜后，这个习性被保留了下来。

马睡觉不一定非在晚上，更不是一觉睡到大天亮。要是没人打搅，它可以随时随地睡觉。

为什么牛不吃草时也嚼个不停？

牛跟其他动物不同，它有四个胃，分别是瘤胃、蜂巢胃、重瓣胃和皱胃。牛不吃草时也嚼个不停，就是将储存在瘤胃里的草料返回口中重新咀嚼。这种现象叫做"反刍"。

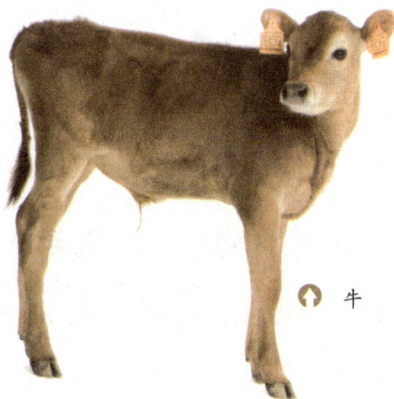
牛

狗喜欢和人或其他动物一起生活，不喜独处。

狗鼻子为什么特别灵？

狗的嗅觉特别灵敏。它的鼻子上能辨别各种气味的部位特别大，鼻腔上部生有皱褶，皱褶上有黏膜和无数的嗅觉细胞。相比之下，狗鼻子要比人鼻子灵敏100万倍呢！

猪为什么喜欢用嘴拱地？

现在的家猪都是从野猪驯化而来的。
野猪为了找地下的植物块根等食物，经常用
嘴和鼻子去拱地。家猪虽然有人喂养了，但这
个习性却从祖先那儿继承了下来，所以也喜
欢拱泥土。

猪是一种善良、温顺、聪明的动物。

狗为什么爱摇尾巴？

狗在高兴的时候不停地摇尾巴，就像人们高兴时又蹦又跳
又拍手来表示快乐一样。狗不像人那样会说话，就用摇尾巴来
表示自己的高兴。另外，狗摇尾巴的时候也是在散发一种气
味，这种气味只有狗能够闻到。

狗通常被称为"人类最忠实的朋友"。

老鼠为什么要磨牙？

一般动物的门牙长到一定程度就停止了，可是老鼠却不，它的门牙能够不断地生长，一个星期可以长出几毫米。这的确不是什么好事，为了不让门牙撑破嘴巴，老鼠不得不经常咬硬东西，来磨掉门牙。

癞蛤蟆身上为什么会长疙瘩？

癞蛤蟆身上的疙瘩是它的秘密武器。疙瘩里分泌的黏液能使癞蛤蟆的皮肤保持湿润，同时这些疙瘩还能分泌一种含有毒素的乳白色浆液，凭着这种"化学武器"，就连黄鼠狼也要让它三分了。

负鼠

125

小蝌蚪长大后尾巴去了哪里？

小蝌蚪的尾巴是逐渐被一种溶酶体"吃"掉的。小蝌蚪长大后，靠四条腿在水里游泳，尾巴就成了多余的"废物"。于是，"溶酶体"就逐渐地把尾巴溶化掉了。

蝌蚪拖着长长的尾巴

青蛙为什么只吃活的东西？

青蛙的眼睛十分奇特，对动的东西能"明察秋毫"，对不动的东西却无动于衷。虫子不动时，青蛙对它视而不见，但只要它一动，青蛙就会立即发现。所以，尽管青蛙喜欢吃苍蝇，可如果让它坐在一堆死苍蝇上面，它极有可能会饿死。

青蛙是害虫的天敌，更是丰收的卫士。

海龟会翻身吗？
hǎi guī huì fān shēn ma

虽然海龟在海水里游泳十分轻松，但在沙滩上却显得十分笨重。再加上海龟的头颈、四肢很短，一旦被翻成四脚朝天后，海龟自己是无论如何也翻不过身来的。

海龟早在2亿多年前就出现在地球上了，是有名的"活化石"。

乌龟为什么要把耳朵藏起来？
wū guī wèi shén me yào bǎ ěr duo cáng qǐ lái

乌龟没有外耳，只有内耳。仔细观察乌龟脖子的左右两侧，会发现在它的眼睛后面有两个看起来像贴着的薄膜一样的东西，这就是乌龟的耳朵。乌龟经常在水里游来游去，为了不让水流进耳朵，就把耳朵藏了起来。

海龟最独特的地方就是龟壳，它可以保护海龟不受侵犯，让它们在海底自由游动。

为什么海龟要上岸产卵？

海龟产卵

海龟没有鳃，不能在水中呼吸。如果它把卵产在海里，刚孵出的小海龟就会因为不能呼吸而死亡。另外，海水温度比较低，达不到孵化小海龟需要的温度，所以海龟只能到岸上产卵。

变色龙为什么要变色？

周围的光线、温度、湿度发生变化，或者本身受到惊吓，变色龙就会变色。变色龙变换体色不仅仅是为了伪装，还有另一个重要作用是实现变色龙之间的信息传递，便于和同伴沟通。

变色龙的主要食物是昆虫，多数变色龙会对单一食物产生厌食，有时会拒绝进食直至死亡。

为什么眼镜蛇听到音乐会起舞？

眼镜蛇的听觉虽然非常敏锐，但根本就无法辨别声音。它跟着笛声扭动身体，只不过是受到了尖锐声响的刺激，昂首发怒而已。这是眼镜蛇感觉到危险后作出的防御姿势。

⬆ 眼镜蛇

蛇没有脚为什么能爬行？

蛇全身都是鳞片，腹部有上百个腹鳞，前后排列，通过肋皮肌与肋骨相连。在神经系统的指挥下，肋皮肌进行有节奏的收缩，肋骨就前后移动，让腹鳞稍微翘起。翘起的鳞片尖端像脚一样踩在地面上，蛇的身体就被推动前进了。

🦇 蛇的行走千姿百态，或直线行走或蜿蜒曲折而前进，这是由蛇的结构所决定的。

129

壁虎为什么能在天花板上行走自如？

壁虎的脚掌上生长着数以百万计的细小绒毛——刚毛，每根刚毛的顶端又有上千个更细小的分叉。当壁虎的脚掌与光滑的天花板接触时，会产生一股巨大的吸力，使它们牢牢地固定在天花板壁上不掉下来。

○ 壁虎

鳄鱼为什么流眼泪？

鳄鱼的肾脏功能并不完善，体内的多余尿素、盐类，需要通过其他腺体来排出体外。而这种腺体正好在鳄鱼的眼睛下方，所以在排出盐分时看起来就好像在流眼泪一样。

○ 鳄鱼

什么是候鸟？

迁徙的大雁

有些鸟儿一年中随着季节的变化，会定期沿着固定的路线，作远距离的迁徙。我们把这种鸟叫做候鸟。冬天因为气候变冷，候鸟会飞到温暖的地方过冬。候鸟的迁徙通常为一年两次，一次在春季，一次在冬季。

鸟儿也洗澡吗？

鸟儿爱清洁，洗澡已成为它们的一种生活习惯。鸟有好几种洗澡方式。一是在水边拍打着翅膀，淋水沐浴，然后用力将身上的水抖掉；二是站立在树枝上，用尖尖的嘴梳理羽毛；三是在沙堆里扇动羽翅，擦洗身子。

为了保持键康，小鸟也会定期给自己洗浴，洗去羽毛上的害虫和寄生虫。

先有鸡还是先有蛋？

两栖动物是第一批从水里爬到陆地上的脊椎动物，它们将蛋产在水里或潮湿的地方。爬行动物由两栖动物进化而来，而鸟类又由爬行动物进化而来，因此，蛋比鸡出现得要早得多。

鸡是人类饲养最普遍的家禽。

冬天鸭子在水里为什么不怕冷？

鸭子的身体里有肥厚的脂肪层，羽毛里面还有一层保温性很好的贴身绒羽，这层绒羽是最好的防寒佳品。鸭尾巴上还有非常发达的皮脂腺，能分泌大量的油脂，帮助鸭子御寒。

鸭善于在水中觅食、嬉戏。

下雨前燕子为什么飞得很低？

燕子以捕食昆虫为生。快下雨的时候，空气湿度大，虫子只能贴近地面低空飞行。为了捕食这些小昆虫，燕子只有飞得很低了。另外，下雨前气流比较紊乱，燕子得不到合适的风力将它抬升高飞，因此在飞行时忽高忽低。

燕子于春天北来，秋天南归，故很多诗人都把它当做春天的象征加以美化和歌颂。

🐦 鸳鸯

鸳鸯真的会白头偕老吗？

在繁殖的初期，鸳鸯确实表现得很恩爱，它们天天厮守在一起。但是好景不长，到了产卵孵化的时候，雄鸟就不再关心雌鸟了。如果一方死亡，另一方也不会"守节"，它很快就会忘记旧情，另结新欢了。

鸽子

飞远的鸽子怎么回家？

鸽子的嘴上长着一种能感应地球磁场的细胞，在长途飞行的过程中，这些感应细胞能够帮助鸽子辨别飞行方向，找到回家的路。另外，鸽子具有很强的记忆力，视觉和嗅觉非常灵敏，这也是鸽子认路的重要原因。

蜂鸟

蜂鸟是最小的鸟吗？

蜂鸟是世界上最小的鸟，最小的蜂鸟身长只有5厘米，还没有一只蜻蜓大；最大的巨蜂鸟体身长也不到20厘米。别看它个头小，长得却很漂亮，又被人们称为"神鸟""森林女神"等。

为什么说军舰鸟是空中强盗？

军舰鸟

军舰鸟是一种大型热带海鸟，它不喜欢亲自动手捕捉食物，而是习惯于凭着高超的飞行技能，拦路抢劫其他海鸟捕捉到的食物。总做这样不光彩的事情，难怪人们叫它"空中强盗"呢！

为什么小鸟睡觉的时候不会从树上掉下来？

在树枝上休息时，小鸟的腿会弯起来，脚趾将树枝紧紧地环住，就像衣服夹子一样，拉紧的肌腱就此锁住脚趾，所以小鸟不会掉下来。直到鸟儿伸直腿时，肌腱才会放松，松开夹住的脚趾。

在树上休息的小鸟

135

鸵鸟为什么把头埋进沙子里？

鸵鸟会将头埋在沙子中的说法，其实是人类的一种误解。鸵鸟生活在沙漠地带，阳光照射强烈，会出现闪闪发光的薄雾。一旦发现敌情，鸵鸟就将脖子平贴在地面，借着薄雾的掩护躲避敌害。

鸵鸟

为什么企鹅生活在南极而不是北极？

很久以前，北极也有过企鹅，称为"大企鹅"。"大企鹅"的防御能力很差，在与哺乳动物的生存竞争中被大量吞食。后来，随着探险家和移民的到来，"大企鹅"遭到大规模捕杀，直至灭绝。

企鹅

杜鹃

杜鹃不筑巢怎么孵蛋？

杜鹃不像别的小鸟那样自己做窝、孵蛋，而是把卵产在别的鸟巢里，让它们替自己养育后代。小杜鹃出世早，常把别的没有孵出来的鸟蛋挤出巢外摔死，好独享鸟妈妈的疼爱。

啄木鸟整天敲击树干，为什么不会得脑震荡？

啄木鸟的大脑周围有一层绵状骨骼，里面有液体，能对外力起缓冲和消震作用。它还能把喙尖和头部始终保持在一条直线上，因此，尽管它每天啄木不止，也能承受得起强大的震动力。

啄木鸟是著名的森林益鸟，除消灭树皮下的害虫如天牛幼虫等以外，其凿木的痕迹可作为森林采伐的指示记，因而被称为森林医生。

为什么麻雀只会跳着走？
wèi shén me má què zhǐ huì tiào zhe zǒu

麻雀的两肢较短，后肢的胫部蹠骨和
má què de liǎng zhī jiǎo duǎn　hòu zhī de jìng bù fū gǔ hé

蹠部趾骨之间没有关节白，因而胫骨和蹠
fū bù zhǐ gǔ zhī jiān méi yǒu guān jié jiù　yīn ér jìng gǔ hé fū

骨之间的关节不能弯曲，这样一来，
gǔ zhī jiān de guān jié bù néng wān qū　zhè yàng yī lái

麻雀就不能在平地行走，而只
má què jiù bù néng zài píng dì xíng zǒu　ér zhǐ

能跳着走了。
néng tiào zhe zǒu le

麻雀

鹦鹉为什么会学人说话？
yīng wǔ wèi shén me huì xué rén shuō huà

鹦鹉能模仿人的语言，
yīng wǔ néng mó fǎng rén de yǔ yán

是由于它的舌根很发达，
shì yóu yú tā de shé gēn hěn fā dá

舌尖细长而灵活，可以
shé jiān xì cháng ér líng huó　kě yǐ

发出准确、清晰的声
fā chū zhǔn què　qīng xī de shēng

调。鹦鹉学舌只是
diào　yīng wǔ xué shé zhǐ shì

一种条件反射，它
yī zhǒng tiáo jiàn fǎn shè　tā

并不能理解人类
bìng bù néng lǐ jiě rén lèi

语言的意义。
yǔ yán de yì yì

鹦鹉

孔雀为什么开屏？

能够自然开屏的只有雄孔雀。繁殖季节，雄孔雀展开它那色泽艳丽的尾屏，以此吸引雌孔雀。孔雀开屏也是为了自我保护。遇到敌人而又来不及逃避时，孔雀便突然开屏，抖动它"沙沙"作响，好吓退敌人。

孔雀开屏

为什么要保护动物？

在自然状态下，物种灭绝的种数与新物种出现的种数基本上是平衡的。然而随着人口的增加，这种平衡已经受到破坏。现在，地球上不到两年就有一种动物灭绝。为了保持生物的多样性，人们应该保护动物。

大熊猫是世界上最珍贵的动物之一。

139

奇特现象 >>>

大自然玄幻莫测，到处充满着扑朔迷离的秘密。有关自然现象的科学研究妙趣横生，而更为有趣的则是各种异常罕见的气象奇观。地球上许多奇异古怪的现象不仅转眼即逝，而且大多发生在人类难以抵达的地区，令人充满好奇。

什么是神奇的极光？

在地球南北两极附近地区的高空，夜间常会出现灿烂美丽的光辉。它轻盈地飘荡，同时忽暗忽明，发出红的、蓝的、绿的、紫的光芒。这种壮丽动人的景象就叫做极光。极光多种多样，五彩缤纷，形状不一，非常美丽。

🎧 极光

什么是极昼、极夜现象？

极昼和极夜是只有在南、北极圈内才能看到的一种奇特的自然现象。当出现极昼时，在一天24小时内，太阳总是挂在天空；而当出现极夜时，则在一天24小时内见不到太阳的踪迹，四周一片漆黑。

什么是地光？

地光是指地震时人们用肉眼观察到的天空发光的现象。地光出现的时间大多与地震同时，但也有在震前几小时和震后短时间内看到的。它的形状有带状光、闪光、柱状光、片状光等，颜色也是多种多样的。

地震时会看到地光

你见过球状闪电吗？

球状闪电俗称滚地雷，就是一个呈圆球形的闪电球，通常都在雷暴之下发生。它十分光亮，略呈圆球形，直径大约是20~100厘米。通常它只会维持数秒，但也有维持了1~2分钟的纪录。

可怕的闪电

地震云真的很奇异吗?

地震云的最大特点在于"奇",常见的地震云很像飞机的尾迹;还有一种地震云,犹如一把没有扇面的扇骨铺在空中。目前,对于地震云的形成原因众说纷纭,但是都不能完整的解释这种现象,至今还是个谜。

奇特的云

海市蜃楼常在海上、沙漠中产生。

什么是海市蜃楼?

在平静的海面航行,往往会看到空中映现出船舶、岛屿的影像;在沙漠旅行的人有时也会发现在遥远的地方有一片湖水。可是这些景象很快就消逝了。这就是海市蜃楼现象,它是由光线的折射和反射而形成的。

shā zi wèi shén me huì míng jiào
沙子为什么会鸣叫？

míngshā shì zhǐ huì fā chūshēngxiǎng de shā zi，shēng yīn shì kōng qì
鸣沙是指会发出声响的沙子，声音是空气

zhèndòngchǎnshēng de míngshā yě shì rú cǐ shā lì zhī jiān de kòng xì
振动产生的，鸣沙也是如此。沙粒之间的空隙

chōngmǎnkōng qì yī yù dào rén chù zǒudònghuòfēngchuī dōu huì yǐn qǐ shā
充满空气，一遇到人畜走动或风吹，都会引起沙

lì jiān de kōng qì zhèndòng zì rán huì chǎnshēngshēng yīn
粒间的空气振动，自然会产生声音。

摩洛哥的鸣沙山

🌀 地热温泉水

dì xià rè shuǐ shì cóng nǎ lǐ lái de
地下热水是从哪里来的？

dà bù fen dì xià rè shuǐdōu shì tōngguò yánjiāngchǎnshēng de yán
大部分地下热水都是通过岩浆产生的。岩

jiāng zài dì qiào nèi lěngquè shí huì shì fàng chū rè qì dà liàng de rè qì yù
浆在地壳内冷却时会释放出热气，大量的热气遇

dào hán shuǐ de yáncéng jiù chéngwéi le rè shuǐ zhè xiē dì xià rè shuǐpēn
到含水的岩层，就成为了热水。这些地下热水喷

chū dì biǎo jiù huì xíngchéngwēnquán
出地表，就会形成温泉。

海底有淡水吗？

众所周知海水是咸的，可海洋中也有淡水。

科学家在我国福建省南部的古雷半岛东面的附近海域，美国佛罗里达半岛与古巴东北部之间的海区都发现了淡水，人们把这些淡水区域称为海洋中的"淡水井"。

◖ 海底巨藻

海水会发光，你信吗？

漆黑的夜晚，大海上常常可以看到一道道光闪来闪去。实际上，它们来自于能够发光的海洋生物，比如鞭毛虫、水母等。正是有了这些生物，所以我们才会看到海水中闪烁着点点亮光。

☀ 海水中发光的奇特鱼类

你听过火雨吗？

在干旱地区，天空中有时也会出现几块乌云。伴随着响雷，雨点儿从云中落下来，却在半空中消失了，地面仍然干燥、灼热，这就是干雨。因为干雨很容易引起火灾，所以它也被人们称为"火雨"。

火雨会引起森林火灾

天空会下动植物雨吗？

1683年，英国小村艾克尔忽然从天而降大量的癞蛤蟆；1687年，在巴尔蒂克海东岸的麦默尔城，也曾经下过含有"蔬菜"一样物质的绿色丝状海藻。这样奇怪的动植物雨还有很多，但是至今谁也搞不懂，这种雨是怎么形成的。

雨的成因多种多样，它的表现形态也各具特色，有毛毛细雨，有连绵不断的阴雨，还有倾盆而下的阵雨。

你见过会移动的棺材吗？

一般的棺材重量很大，轻易不会移动。

大西洋巴巴多斯岛上有一个墓地，人们总是发现上次安葬的棺材被移动过。这个墓穴门口用大理石封住，平时都用大锁锁住，可就在这样严密的保护下，墓穴里的棺材还是多次发生了移动。到底是什么力量使它移动，至今仍是一个谜。

岩石会生蛋吗？

在三都水族自治县境内一壁石崖上，有一个石窝每隔30年就会有与恐龙蛋相似的石蛋自动脱落。千百年来，这些神秘的石蛋不停地孕育出生，源源不绝。

地球形成之初，地核的引力把宇宙中的尘埃吸过来，凝聚的尘埃就变成了山石。山石经过风化，变成了岩石。

"怪坡"是一种什么坡?

在"怪坡"上,车子上坡自动加速,下坡吃力,越是质量大的物体,越容易发生自行上坡的现象。其实,中外都有很多神秘怪坡。这究竟是什么原因造成的,更是众说纷纭、引人关注。

神秘的怪坡

什么是"天坑"?

群山之中,常常会发现地表露出一个巨大的坑洞,坑周围的悬崖峭壁十分陡直,中间围成的坑洞则像一张大嘴一样对着苍天。这种奇异的自然景观俗称"天坑",是大自然留给人类的神奇造化之谜。

天坑是一种分布在喀斯特地区的特殊的地质景观。

神秘之地 >>>

科技的进步使我们对地球的认识越来越深入，但地球上仍有不少地方让我们感到神秘莫测。百慕大三角、罗布泊死亡之地、杀人湖……这些地方常发生一些不可思议的怪事，连科学家都不能解释原因。因此，人们把这些地方称为神秘之地。

尼斯湖有水怪吗？

关于尼斯湖水怪的记载最早可追溯到公元565年，自此以后，10多个世纪里有关的传闻有1万多件。直到现在，尼斯湖水怪依然吸引着世界各地的人前来探险。尼斯湖到底有没有水怪？这至今仍是一个未解之谜。

尼斯湖水怪，是地球上最神秘也最吸引人的谜之一。早在1500多年前，就开始流传尼斯湖中有巨大怪兽常常出来吞食人畜的故事。

百慕大三角是恐怖之地吗？

百慕大三角

百慕大群岛水下暗礁丛生，天空风暴肆虐，常常掀起倒海巨浪。由于气象变化复杂，地形险恶，百慕大海域屡屡有船只和飞机遇难的事件发生，因此被人们称为"魔鬼海域"。

巨人之路

是谁铺的巨人之路？

巨人之路位于北爱尔兰安特里姆郡西北海岸，大约有3.7万多根石柱，聚集成一条绵延数千米的堤道。巨人之路是地质运动的产物，大约在5000万～6000万年以前，地下的熔岩从裂缝中挤出，迅速冷却而变成固态，并分裂成大的柱状体。

麦田里为什么会出现奇怪的图案?

在麦田或农田上,常会有某种力量把农作物压平而产生出几何图案。科学界对麦田怪圈如何形成一直存在争议,很多人认为它是某些人的恶作剧,但也有人认为这不是人力所能达到的。

麦田怪圈

罗布泊为什么被称为"死亡之海"？

罗布泊曾是我国第二大内陆湖，后来因为塔里木河流量减少，周围沙漠化严重而完全干涸。罗布泊干涸后，周围生态环境发生巨变，植物全部枯死，从此成了寸草不生的地方，被称作"死亡之海"。

你听过恐怖的塔克拉玛干沙漠吗？

塔克拉玛干沙漠是世界第二大沙漠，在维吾尔语言中，塔克拉玛干就是进去出不来的意思。这是一片号称沙漠之舟的骆驼也感到无奈和恐惧的地方，张开血盆大口的沙魔施尽了淫威，吞噬了许多鲜活的生命。

世界各大沙漠中，塔克拉玛干沙漠是最神秘、最具有诱惑力的一个。

"杀人湖"真的会杀人吗？

喀麦隆的尼尔斯湖有一个令人谈虎色变的绰号——杀人湖。1986年8月21日，一股巨大的气柱从尼尔斯湖中升起，向附近的村庄"倾泻"而来，村庄被这邪恶之云席卷，近2000人死于毒气之中。

尼尔斯湖最令人过目不忘的就是其令人作呕的黄绿色湖水。

火山口上会有冰川吗？

瓦特纳冰川在冰岛的东南部，是欧洲最大的冰川。奇特的是，在瓦特纳冰川地区还分布着熔岩和火山口，这座冰川是名副其实的火山口上的冰川。冰岛也因此被人们称为"冰与火之地"。

冰岛也是世界温泉最多的国家，所以被称为"冰火之国"。

四大"死亡谷"都在哪些国家？

地球上有一种人迹罕至的地方，隐伏着死亡的危机，让人不寒而栗。人们把这些地方称为"死亡谷"。世界四大"死亡谷"分别在俄罗斯、美国、意大利和印度尼西亚，它们所处的地理位置不同，恐怖诡异的景象也各不相同。

美国死亡谷

干盐湖在死亡谷国家公园，位于加利福尼亚。

火焰山在哪里？

火焰山位于新疆吐鲁番盆地中部，是我国最炎热的区域。盛夏，在灼热阳光的照射下，红色山岩热浪滚滚，绛红色烟云蒸腾缭绕，热气流不断上升，恰似团团烈焰在燃烧，故名火焰山。

火焰山

为什么南极比北极冷？

北冰洋占去了北极地区广阔的面积，海洋能够吸收较多热量，再慢慢发散出去，因而温度不会降得太低。而南极地区是一块大陆，储存热量的能力较弱，所以就比北极寒冷。

企鹅是南极可爱的小主人。

图书在版编目（ＣＩＰ）数据

自然之谜/青少科普编委会编著. —长春：吉林
科学技术出版社，2012.12（2019.1重印）
（十万个未解之谜系列）
ISBN 978-7-5384-6376-7

Ⅰ.①自… Ⅱ.①青… Ⅲ.①自然科学－青年读物②
自然科学－少年读物 Ⅳ.①N49

中国版本图书馆CIP数据核字（2012）第275138号

十万个未解之谜系列

自然之谜

编　著	青少科普编委会
编　委	侣小玲　金卫艳　刘　珺　赵　欣　李　婷　王　静　李智勤
	赵小玲　李亚兵　刘　彤　靖凤彩　袁晓梅　宋媛媛　焦转丽
出版人	李　梁
选题策划	赵　鹏
责任编辑	万田继
封面设计	长春茗尊平面设计有限公司
制　版	张天力
开　本	710×1000　1/16
字　数	150千字
印　张	10
版　次	2013年5月第1版
印　次	2019年1月第7次印刷

出　版	吉林出版集团
	吉林科学技术出版社
发　行	吉林科学技术出版社
地　址	长春市人民大街4646号
邮　编	130021

发行部电话/传真　0431-85635177　85651759　85651628
　　　　　　　　　85677817　85600611　85670016
储运部电话　0431-84612872
编辑部电话　0431-85630195
网　址　http://www.jlstp.com
印　刷　北京一鑫印务有限责任公司

书　号　ISBN 978-7-5384-6376-7
定　价　29.80元

峨眉山上为什么会出现"佛光"？

峨眉佛光看上去是一个七彩光环，人影在光环正中随着人而动，变幻之奇，出人意外。佛经中说，它是释迦牟尼眉宇间放射出来的光芒。实际上，佛光是光的自然现象，是阳光照在云雾表面所起的衍射作用形成的。

峨眉山上共有佛寺数十处，寺内珍藏有许多精美的佛教瑰宝。

峨眉山顶俯瞰万里云海，在金顶可欣赏"日出""云海""佛光"和"圣灯"四大绝景。